职业教育职业培训 *改革创新教材*

全国高等职业院校、技师学院、技工及高级技工学校规划教材

模具设计与制造专业

模具失效分析与故障处理

陈芬桃　主　编

洪耿松　副主编

电子工业出版社

Publishing House of Electronics Industry

北京·BEIJING

内 容 简 介

本书根据高等职业院校、技师学院"模具设计与制造专业"的教学计划和教学大纲，以"国家职业标准"为依据，按照"以工作过程为导向"的课程改革要求，以典型任务为载体，从职业分析入手，切实贯彻"管用"、"够用"、"适用"的教学指导思想，把理论教学与技能训练很好地结合起来，并按技能层次分模块逐步加深模具失效分析与故障处理相关内容的学习和技能操作训练。本书较多地编入新技术、新设备、新工艺的内容，还介绍了许多典型的应用案例，便于读者借鉴，以缩短学校教育与企业需求之间的差距，更好地满足企业用人需求。

本书可作为高等职业院校、技师学院、技工及高级技工学校、中等职业学校模具相关专业的教材，也可作为企业技师培训教材和相关设备维修技术人员的自学用书。

图书在版编目（CIP）数据

模具失效分析与故障处理/陈芬桃主编. —北京：电子工业出版社，2012.8
职业教育职业培训改革创新教材　全国高等职业院校、技师学院、技工及高级技工学校规划教材. 模具设计与制造专业

ISBN 978-7-121-17861-0

Ⅰ. ①模… Ⅱ. ①陈… Ⅲ. ①模具－失效分析－高等职业教育－教材②模具－故障修复－高等职业教育－教材　Ⅳ. ①TG76

中国版本图书馆 CIP 数据核字（2012）第 185261 号

策划编辑：关雅莉　　杨　波
责任编辑：郝黎明　　文字编辑：裴　杰
印　　刷：北京天宇星印刷厂
装　　订：北京天宇星印刷厂
出版发行：电子工业出版社
　　　　　北京市海淀区万寿路 173 信箱　邮编：100036
开　　本：787×1092　1/16　印张：10　字数：256 千字
版　　次：2012 年 8 月第 1 版
印　　次：2024 年 6 月第 5 次印刷
定　　价：19.00 元

凡所购买电子工业出版社图书有缺损问题，请向购买书店调换。若书店售缺，请与本社发行部联系，联系及邮购电话：（010）88254888，88258888。

质量投诉请发邮件至 zlts@phei.com.cn，盗版侵权举报请发邮件至 dbqq@phei.com.cn。
本书咨询联系方式：（010）88254617，luomn@phei.com.cn。

职业教育职业培训*改革创新教材*

全国高等职业院校、技师学院、技工及高级技工学校规划教材
模具设计与制造专业　教材编写委员会

主任　委员：史术高　　　　湖南省职业技能鉴定中心（湖南省职业技术培训研究室）

副主任委员：（排名不分先后）

陈黎明	衡阳技师学院
刘铁石	衡阳技师学院
廖　剑	湖南工贸技师学院
王　斌	湖南工贸技师学院
刘少军	湖南工贸技师学院
马汉蒲	湖南工贸技师学院
吴建伟	湖南工贸技师学院
彭志红	湖南工贸技师学院
周青山	湘潭技师学院
陈芬桃	湘潭技师学院
邬献国	湘潭技师学院
聂　颖	湘潭技师学院
张立夏	湘潭技师学院
郭勇军	湘潭技师学院
康　勇	湘潭技师学院
唐志雄	郴州技师学院
戴　乐	湖南省机械工业技术学院
谢贤和	湖南省机械工业技术学院
陈向云	湖南省机械工业技术学院
陈少友	湖南省机械工业技术学院
熊建武	湖南工业职业技术学院
蔡志强	益阳职业技术学院
汪哲能	衡阳财经工业职业技术学院
王少炯	株洲市职工大学
陈　韬	衡阳市珠晖区教育局
彭惟珠	广东省机械高级技工学校
罗文锋	广东省高级技工学校
吴德永	茂名市高级技工学校
李淑宝	广东省机械高级技工学校

委　　员：（排名不分先后）

邓远华	衡阳技师学院
陈宝祥	衡阳技师学院
陈桂奇	衡阳技师学院
赵治平	衡阳技师学院
邓交岳	衡阳技师学院
黄海赟	衡阳技师学院
张艳军	湖南工贸技师学院
金　伟	湖南工贸技师学院
杜　婷	湖南工贸技师学院
张京昌	湖南工贸技师学院

周晓泉	湖南工贸技师学院
凌增光	湖南工贸技师学院
曾平平	湖南工贸技师学院
袁见平	湖南工贸技师学院
黄世雄	湖南工贸技师学院
赵小英	湖南工贸技师学院
刘　娟	湖南工贸技师学院
周明刚	湖南工贸技师学院
龙　湘	湖南工贸技师学院
宋安宁	湖南工贸技师学院
张　志	湖南工贸技师学院
肖海涛	湘潭技师学院
张　丽	湘潭技师学院
刘一峰	湘潭技师学院
龙　涛	湘潭大学
阳海红	湖南省机械工业技术学院
陈俊杰	湖南省机械工业技术学院
刘小明	湖南省机械工业技术学院
张书平	湖南省机械工业技术学院
陈小兵	湖南省机械工业技术学院
李飞飞	湖南省机械工业技术学院
陈效平	湖南省机械工业技术学院
陈　凯	湖南省机械工业技术学院
张健解	湖南省机械工业技术学院
丁洪波	湖南省机械工业技术学院
王碧云	湖南省机械工业技术学院
王　谨	湖南省机械工业技术学院
简忠武	湖南工业职业技术学院
易　杰	湖南工业职业技术学院
文建平	衡阳财经工业职业技术学院
宋建文	长沙航天工业学校
颜迎建	湘潭市电机集团力源模具公司
张　源	湖南晓光汽车模具有限公司
张立安	益阳广益科技发展有限公司
贾庆雷	株洲时代集团时代电气有限公司
欧汉德	广东省技师学院
邹鹏举	广东省技师学院
洪耿松	广东省国防科技高级技工学校
李锦胜	广东省机械高级技工学校
蔡福洲	广州市白云工商技师学院
罗小琴	茂名市第二高级技工学校
廖禄海	茂名市第二高级技工学校
许　剑	江苏省徐州技师学院
李　刚	山西职业技术学院
王端阳	祁东县职业中等专业学校
卢文升	揭阳捷和职业技术学校

秘　书　处：刘南、杨波、刘学清

出 版 说 明

百年大计，教育为本。教育是民族振兴、社会进步的基石，是提高国民素质、促进人的全面发展的根本途径，寄托着亿万家庭对美好生活的期盼。2010 年 7 月，国务院颁发了《国家中长期教育改革和发展规划纲要（2010—2020）》。这份《纲要》把"坚持能力为重"放在了战略主题的位置，指出教育要"优化知识结构，丰富社会实践，强化能力培养。着力提高学生的学习能力、实践能力、创新能力，教育学生学会知识技能，学会动手动脑，学会生存生活，学会做人做事，促进学生主动适应社会，开创美好未来。"这对学生的职前教育、职后培训都提出了更高的要求，需要建立和完善多层次、高质量的职业培养机制。

为了贯彻落实党中央、国务院关于大力发展高等职业教育、培养高等技术应用型人才的战略部署，解决技师学院、技工及高级技工学校、高职高专院校缺乏实用性教材的问题，我们根据企业工作岗位要求和院校的教学需要，充分汲取技师学院、技工及高级技工学校、高职高专院校在探索、培养技能应用型人才方面取得的成功经验和教学成果，组织编写了本套"全国高等职业院校、技师学院、技工及高级技工学校规划教材"丛书。在组织编写中，我们力求使这套教材具有以下特点。

以促进就业为导向，突出能力培养：学生培养以就业为导向，以能力为本位，注重培养学生的专业能力、方法能力和社会能力，教育学生养成良好的职业行为、职业道德、职业精神、职业素养和社会责任。

以职业生涯发展为目标，明确专业定位：专业定位立足于学生职业生涯发展，突出学以致用，并给学生提供多种选择方向，使学生的个性发展与工作岗位需要一致，为学生的职业生涯和全面发展奠定基础。

以职业活动为核心，确定课程设置：课程设置与职业活动紧密关联，打破"三段式"与"学科本位"的课程模式，摆脱学科课程的思想束缚，以国家职业标准为基础，从职业（岗位）分析入手，围绕职业活动中典型工作任务的技能和知识点，设置课程并构建课程内容体系，体现技能训练的针对性，突出实用性和针对性，体现"学中做"、"做中学"，实现从学习者到工作者的角色转换。

以典型工作任务为载体，设计课程内容：课程内容要按照工作任务和工作过程的逻辑关系进行设计，体现综合职业能力的培养。依据职业能力，整合相应的知识、技能及职业素养，实现理论与实践的有机融合。注重在职业情境中能力的养成，培养学生分析问题、解决问题的综合能力。同时，课程内容要反映专业领域的新知识、新技术、新设备、新工艺和新方法，突出教材的先进性，更多地将新技术融入其中，以期缩短学校教育与企业需要之间的差距，更好地满足企业用人的需要。

以学生为中心，实施模块教学：教学活动以学生为中心、以模块教学形式进行设计和组织。围绕专业培养目标和课程内容，构建工作任务与知识、技能紧密关联的教学单元模块，为学生提供体验完整工作过程的模块式课程体系。优化模块教学内容，实现情境教学，融合课堂教学、动手实操和模拟实验于一体，突出实践性教学，淡化理论教学，采用"教"、"学"、"做"相结合的"一体化教学"模式，以培养学生的能力为中心，注重实用性、操作性、科学性。模块与模块之间层层递进、相互支撑，贯彻以技能训练为主线、相关知识为支撑的编写思路，切实落实"管用"、"够用"、"适用"的教学指导思想。以实际案例为切入点，并尽量采用以图代文的编写形式，降低学习难度，提高学生的学习兴趣。

此次出版的"全国高等职业院校、技师学院、技工及高级技工学校规划教材"丛书，是电子工业出版社作为国家规划教材出版基地，贯彻落实全国教育工作会议精神和《国家中长期教育改革和发展规划纲要（2010—2020）》，对职业教育理念探索和实践的又一步，希望能为提升广大学生的就业竞争力和就业质量尽自己的绵薄之力。

电子工业出版社　职业教育分社

2012 年 8 月

前　言

本书根据技师学院、技工及高级技工学校、高职高专院校"模具设计与制造专业"的教学计划和教学大纲，以"国家职业标准"为依据，按照"以工作过程为导向"的课程改革要求，以典型任务为载体，从职业分析入手，切实贯彻"管用"、"够用"、"适用"的教学指导思想，把理论教学与技能训练很好地结合起来，并按技能层次分模块逐步加深模具失效分析与故障处理相关内容的学习和技能操作训练。本书较多地编入新技术、新设备、新工艺的内容，还介绍了许多典型的应用案例，便于读者借鉴，以缩短学校教育与企业需要之间的差距，更好地满足企业用人的需要。

本书可作为高职高专院校、技师学院、技工及高级技工学校、中等职业学校模具设计与制造相关专业的教材，也可作为企业技师培训教材和相关设备维修技术人员的自学用书。

本书的编写符合职业学校学生的认知和技能学习规律，形式新颖，职教特色明显；在保证知识体系完备，脉络清晰，论述精准深刻的同时，尤其注重培养读者的实际动手能力和企业岗位技能的应用能力，并结合大量的工程案例和项目来使读者更进一步灵活掌握及应用相关的技能。

● **本书内容**

全书分为 4 个模块 14 个任务，介绍了模具失效的基础知识、影响模具失效的因素、模具寿命及表面处理技术、模具常见故障及处理方法等知识。附录 A 提供了常用模具材料牌号对照表、常用模具材料比较表。

● **配套教学资源**

本书提供了配套的立体化教学资源，包括专业建设方案、教学指南、电子教案等必需的文件，读者可以通过华信教育资源网（www.hxedu.com.cn）下载使用或与电子工业出版社联系（E-mail：yangbo@phei.com.cn）。

● **本书主编**

本书由湘潭技师学院陈芬桃担任主编，广东省国防科技高级技工学校洪耿松担任副主编，湘潭市电机集团力源模具公司颜迎建等参与编写。由于时间仓促，作者水平有限，书中错漏之处在所难免，恳请广大读者批评指正。

● **特别鸣谢**

特别鸣谢湖南省人力资源和社会保障厅职业技能鉴定中心、湖南省职业技术培训研究室对本书编写工作的大力支持，并同时鸣谢湖南省职业技能鉴定中心（湖南省职业技术培训研究室）史术高、刘南对本书进行了认真的审校及建议。

主　编

2012 年 8 月

目　　录

模块一　模具失效的基础知识

为什么要学习模具失效的基础知识

模具是为生产产品而使用的重要工艺装备，有效使用是其存在的社会价值。模具从设计到制造再到最后投入使用直到失效、报废是其生命周期的全过程。从技术经济的角度分析，使用寿命是其核心的价值所在。模具使用寿命直接关系到模具使用的经济效益，也是生产企业谋求利益最大化的重要手段之一。因此，研究模具在正常工作状况下的失效形式、规律和分析方法，是为了延长其使用寿命、降低产出成本和增加经济效益。而模具失效的规律、形式、分类及分析方法有哪些，正是本模块要解决的课题。本模块讨论的重点是冷作模具、热作模具和塑料模具的失效。

模具失效的相关术语

1. 模具失效

模具失效包括正常失效与非正常失效。当模具零件在服役中产生了过量的塑性变形、断裂破坏、表面损坏等现象后，将丧失其原有的功能，达不到预期的要求，或变得不安全可靠，以致不能继续正常地服役，这些现象统称为模具失效。广义上讲，模具失效是指一套模具完全不能再用，生产中一般指模具的主要工作零件不能再用，这种失效属于正常失效。非正常失效是在模具正式工作期间，远低于设计寿命时随机发生的失效，有时甚至是突然发生的，易造成人身或设备的恶性事故及经济上的损失。

2. 冷作模具

冷作模具是在常温下对材料进行压力加工或其他加工所使用的模具，包括冷冲压模、冷挤压模、冷镦模等。

3. 热作模具

热作模具是指对金属材料加热到再结晶温度以上进行压力加工的模具，包括热锻模、热挤压模、压铸模等。

4. 塑料模具

成形塑料制品的模具包括塑料注射模、塑料压缩模、塑料压注模、塑料挤出模、真空吹塑模及气动成形模。

学习目标

1. 熟悉模具使用寿命的内涵。
2. 了解各类模具工作条件和失效形式。
3. 掌握模具失效的常用分析方法。

如何学习

通过了解冷作模具、热作模具、塑料模具的正常工作状况，联系其不尽相同的损坏形式，掌握其失效的一般特征。

任务一　模具失效的类型

任务描述

不同的模具使用于不同的制造产业，使用的工作条件直接影响其损坏的表现形式。这些多样的失效形式有什么共同之处，是我们着手分析研究和认识的一种科学方法。个别失效形式寓于着一类模具相似的失效形式，从理论上如何把握其相似的失效形式和失效的机理，是本任务的主要目标。

学习目标

1. 了解模具失效的类型。
2. 掌握各类磨损失效的类型和特征。
3. 掌握断裂失效的表现形式及塑性变形失效的特征。
4. 掌握磨损失效机理的理论分析、影响磨损失效的因素、断裂失效形式的判断、多种失效的交互作用。

任务分析

模具失效的种类和形式有很多，其失效的机理也不同。不同的模具有不同的要求和工作环境，即使同一模具在不同的部位也会存在不同的应力和温度，产生失效的可能性也不同。因此模具失效的类型，应成为模具失效分析的主要依据。

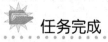

任务完成

模具种类繁多，工作状态差别很大，损坏部位也各不相同，但失效形式归纳起来主要有磨损、断裂（包括开裂、碎裂、崩刃、掉块和剥落等）、塑性变形三类。

一、磨损失效

按磨损的机理可分为磨粒磨损、黏着磨损、疲劳磨损、腐蚀磨损、气蚀和冲蚀磨损。

（1）磨粒磨损

外来硬质颗粒或由制件表面的硬突出物刮擦模具表面引起的磨损称为磨粒磨损。磨粒磨损的主要特征如图 1.1-1 所示。磨粒磨损按照磨损形态和应力或冲击载荷的施加方式，可细分为凿削式磨粒磨损、研磨式磨粒磨损和划伤式磨粒磨损。

图 1.1-1 磨粒磨损的主要特征

凿削式磨粒磨损通常应力和冲击载荷都很大。对材质不均，内有夹杂的硬、脆相、硬质点的板料进行冲裁或切断时的凸模，以及采用冷挤压成形的凸模，其磨损均为凿削式磨粒磨损。

研磨式磨粒磨损通常作用应力很大而冲击载荷不大，类似于模具制造中的研磨、抛光等。划伤式磨粒磨损多出现于清屑不良的冲裁凹模刃口、凸模表面及润滑不良的模具滑动和导向装置。

外来硬质颗粒（沙尘、粉末）夹在工件与模具接触面之间，刮擦模具表面引起模面材料脱落的现象，以及工件表面的硬质突出物刮擦模具引起的模具损伤均属划伤成磨粒磨损。

耐磨性与硬度密切相关，而硬质碳化物的存在可显著提高耐磨性。由此可见，提高模具的抗磨损性能的主要方法是模具工作表面具有高的硬度。

（2）黏着磨损

制件与模具表面相对运动时，在真实接触面积上发生固相黏着，使模具表面材料转移到制件上或脱落的现象，称为黏着磨损。黏着磨损多发生于拉深凸、凹模的圆角处。板材与拉深模腔接触面的强烈摩擦和材料的塑性变形所产生的综合热效应造成的局部温升可高达1000℃以上，它是诱发黏结造成磨损并在模腔表面出现黏结瘤的主要原因。因为，这些热源叠加的热效应会使板材与模具接触面间的凸峰、污锈、尘粒、异物等，在高温下首先软化，进而熔化流动并聚集黏结于模腔表面，形成黏结瘤。拉深材料塑性变形越大，接触面摩擦及其造成的磨损越严重，摩擦力越大，产生的热量越大，在接触面间越易发生黏结并引起越来越严重的黏结磨损。摩擦力的大小与拉深力、接触面的摩擦系数 μ 值成正比。而 μ 值大小取决于模腔表面粗糙度 Ra 值。Ra 值越大，接触面越粗糙，表面凸峰与凹谷越显著，拉深时摩擦力越大，越容易产生黏着磨损。

相对运动的接触表面发生黏着以后，根据运动产生的切向力、接触处的黏合强度、金属基体强度三者之间的不同关系而产生的不同破坏现象，可以把黏着磨损分为四种类型。

①涂抹。当较软金属的剪切强度小于接触处的黏合强度，也小于外加的切应力时，剪切破坏发生在离黏着结合面不远的软金属层内，被剪切的软金属涂抹在硬金属表面上的现象。

②擦伤。金属表面有细而浅的划痕，有时硬金属表面也有划伤的现象。

造成擦伤的原因为基体金属的剪切强度都低于接触处的黏合强度，也低于切应力，剪切发生在较软金属的亚表层内或硬金属的浅表层内，转移到硬表面上的黏着物质对软金属表面产生的刮擦。

③撕脱。剪切破坏发生在摩擦副一方或两方金属较深处，有较深划痕的现象。

撕脱和擦伤损坏的原因基本相同，但接触处的黏合强度比两基体金属的剪切强度更高一些。

④咬死。摩擦副之间咬死，不能相对运动的现象。

产生咬死时，接触处的黏合强度比两基体金属的剪切强度高得多，而且黏着区域大，切应力低于接触处的黏合强度。

为了防止黏着磨损，最重要的是进行润滑以防温升的产生，为了最大限度地降低黏着磨损，应选用抗回火软化能力强的基材并辅以表面硬化处理，使之与摩擦密切相关的表层部分获得必要的硬度、自润滑性和耐磨性。

（3）疲劳磨损

两接触表面相互运动时，在交变接触应力（机械应力与热应力）的作用下，使模具表层金属疲劳脱落的现象称为疲劳磨损。疲劳磨损多出现于型腔模，如压铸模、注塑模、热固性塑料压模、粉末冶金压模、金属粉末注射成形模等。为了防止疲劳磨损，模具材料本身必须具有足以抵抗形成的切应力的强度。

（4）腐蚀磨损

在模具工作过程中，模具表面与周围介质发生化学或电化学反应，再加上摩擦力机械作用，引起模具表层材料脱落的现象，称为腐蚀磨损。模具常见的腐蚀磨损有氧化磨损、特殊介质磨损等。

在物体接触运动过程中，由于金属表层凸峰的塑性变形，促使原有的氧化膜破裂，新的材料暴露，于是又与氧结合形成硬而脆的氧化膜，新生成的氧化膜因摩擦作用而脱落，由此造成的磨损称为氧化磨损。模具服役过程一般都会出现氧化磨损。在压制乙烯基塑料制品时，由于在较高的压制温度下，塑料会发生分解并释放出腐蚀性气体，引起模腔的腐蚀，从而导致模具腐蚀磨损。镀铬可有效防止这种腐蚀磨损。

（5）气蚀磨损和冲蚀磨损

1）气蚀磨损

金属表面的气泡破裂，产生瞬间的冲击和高温，从而使模具表面形成微小麻点和凹坑的现象，称为气蚀磨损。当模具表面与液体接触做相对运动，在液体与模具接触处的局部压力比其蒸发压力低的情况下，将形成气泡；同时，溶解在液体中的气体也可能析出形成气泡。假如这些气泡流到高压区，当承受压力超过气泡内压力时，气泡便会破裂，瞬间将产生极大的冲击力和高温，作用于模具局部表面上。在这种气泡的形成和破裂的作用下，模具浅表面将萌生疲劳裂纹，最后扩展至表面，局部金属脱离表面或气化，形成泡沫海绵状空穴。注塑模、压铸模易发生气蚀磨损。

2）冲蚀磨损

液体和固体微小颗粒高速落到模具表面，对模具表面进行反复冲击，使得模具表面局部材料流失，形成麻点和凹坑的现象，称为冲蚀磨损。当小滴液体以高速（100m/s）落到模具表面上时，会产生很高的应力，一般可以超过金属材料的屈服强度，甚至会造成局部材料断裂。但速度不高的反复冲击会萌生疲劳裂纹，形成麻点和凹坑，如压铸模的热浸蚀。

腐蚀磨损、气蚀和冲蚀磨损与疲劳磨损形成机理虽然不同，但它们有一定的内在联系，都易发生在型腔模中。防止腐蚀磨损的最有效方法是镀硬铬或作 TD 处理。一般来说，若材料组织均匀，具有较好的抗疲劳性和抗腐蚀性，又具有较高的强度和韧性，则抗气蚀和冲蚀磨损性能就好。

（6）磨损的交互作用

在模具与工件（或坯料）的相对运动中，摩擦磨损情况极其复杂，磨损往往并不局限于一种形态，而是多种形式交织在一起，相互影响、相互派生、相互促进。模具与工件表面产生黏着磨损后，部分材料脱落形成磨粒磨损；磨粒磨损出现后，使得模具表面变得粗糙，又进一步造成黏着磨损和疲劳磨损；模具出现疲劳磨损后，同样会出现磨损后的磨粒物质，从而造成磨粒磨损；磨粒磨损使得模具表面出现沟痕、粗化，这又加剧了黏着磨损和疲劳磨损；模具出现腐蚀磨损后，随之会出现磨粒磨损，进而派生出黏着磨损和疲劳磨损。

为了降低磨损的速度，最有效的方法是对模具工作表面进行各种强化处理。同时应对模具进行维护和保养，如及时清理模具工作面的附着物，对模具进行合理的润滑、冷却等。

二、断裂失效

模具出现大裂纹或分离为两部分或数部分，从而丧失服役能力时，称为断裂失效。断裂对模具来说是最严重的失效形式，它是各种原因萌生的裂纹扩展的最终结果。模具断裂通常表现为产生局部碎块或整个模具断成几个部分。图 1.1-2 所示为常见模具断裂实例。对于模具来说，断裂是最严重的失效形式，它是各种因素产生裂纹扩展的归宿。

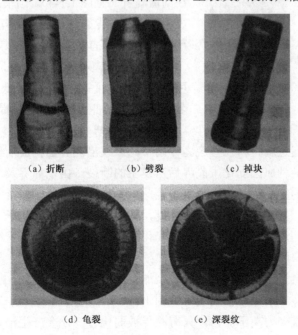

（a）折断　　　　　（b）劈裂　　　　　（c）掉块

（d）龟裂　　　　　（e）深裂纹

图 1.1-2　常见模具断裂实例

模具断裂按断裂前的塑性变形大小分为塑性（或韧性）断裂和脆性断裂；按断裂裂纹扩展的路径分为沿晶断裂、穿晶断裂和混晶断裂；按断裂机理分为一次性断裂和疲劳断裂。

塑性断裂失效是指金属零件发生肉眼可见的塑性变形并破断失效，也称延性断裂失效、韧性断裂失效、过载断裂失效等，它是一个缓慢的断裂过程。塑性金属材料承受载荷时，晶体首先发生弹性变形；若载荷增大而超过某一数值，即发生屈服，此时由于滑移而使晶体产生永久变形（塑性变形）；若此过程继续进行，则需增大引起进一步滑移的力，此过程即加工硬化。载荷继续增大时，发生进一步变形，致使某些晶体局部破断，并扩展导致完全断裂，即塑性断裂。在塑性断裂过程中需要不断地消耗相当多的能量，并伴随着大量的塑性变形。

脆性断裂失效是指断裂时不发生或发生较小的宏观塑性变形（2%～5%）的断裂失效。它通常无预警信号而突然发生，是一种危害性很大的断裂失效模式。

模具的断裂失效一般表现为脆性断裂失效。脆性断裂失效包括一次性断裂失效和疲劳断裂失效。

1. 一次性断裂失效

一次性断裂失效是指金属材料在承受很大变形力或在冲击载荷的作用下，裂纹产生并迅速扩展所造成的断裂失效，其断口为结晶状。

按裂纹扩展路径的走向，一次性脆性断裂失效可分为穿晶断裂失效和沿晶断裂失效。

（1）穿晶断裂失效

穿晶断裂失效是指金属材料因受拉应力而引起的解理断裂失效。解理断裂失效是指金属材料沿特定晶面的断裂失效。解理断裂的主要特征是其断口上存在河流花样（见图1.1-3）。当模具材料韧性差，存在表面缺陷（尤其是表面开口缺陷）而承受高的冲击载荷时，易发生穿晶断裂。热作模具很少出现这种断裂。

如何提高模具零件抗穿晶断裂失效的能力呢？可以从以下几个方面着手：降低加载速率；增加模具表面压应力；细化材料晶粒；提高材料纯度。

（2）沿晶断裂失效

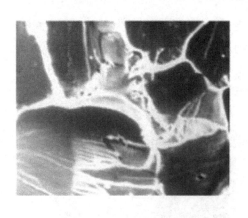

图1.1-3　解理断口

沿晶断裂失效是指金属材料在拉应力作用下，裂纹沿晶界面扩展而造成的脆断失效。

沿晶断裂是由于某种原因弱化了晶界后所发生的断裂。由于晶界及晶界临界区域晶格的不规则性，使晶界区的能量比晶粒内部高，因此，晶界处或邻近区域常常是各种杂质或合金元素偏析的择优地方，并形成各自的浓度梯度，而容易出现第二相粒子，甚至形成连续的脆性薄膜，使晶界处或邻近区域的机械、物理和化学性能与晶粒内部有着很大的区别，加之环境、温度和机械等外来因素，如应力腐蚀、热损伤和三向应力状态等，导致了晶界结合力的降低，从而为破断提供了比穿晶破断消耗较少能量的有利条件。因此，在一定条件下，金属可能发生沿晶脆性断裂、沿晶塑性断裂等。图1.1-4所示为沿晶断裂断口的微观形貌。

一般来说，晶界键合力高于晶内，只有晶界被弱化时，才会产生沿晶断裂。下列两种情况可造成晶界弱化：①晶界沉淀第二相物质；②杂质元素的偏聚。

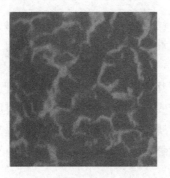

（a）脆性沿晶断口　　　　　　　　　　　（b）韧性沿晶断口

图 1.1-4　沿晶断裂断口的微观形貌

　　如何提高模具零件抗沿晶断裂失效的能力呢？可以从以下几个方面着手：提高材料的纯度，减少杂质元素沿晶界分布；严格控制热加工质量，防止过热与过烧；提高模具零件表面完整性，防止局部三向应力作用；模具零件表面采用强化处理，降低表面拉应力；模具零件表面可采用表面处理，减少晶界与环境相互作用。

　　2. 疲劳断裂失效

　　疲劳断裂失效是指在较低循环载荷作用下，经多次使用，裂纹缓慢扩展后发生的断裂失效，其断口为纤维状。

　　疲劳裂纹总是在应力最高、强度最低的部位上形成，模具的疲劳裂纹萌生于外表面、次表面。疲劳裂纹总是从模具表面和内部某一缺陷处开始的，当模具内部受力不均匀时，局部区域就会出现较大的应力集中，在载荷的反复作用下，应力集中处最先出现裂纹，裂纹的尖端形成尖锐的缺口，又造成新的应力集中，在连续使用中，该处还会继续开裂。这样一来，裂纹变得越来越大，模具上能够传递应力的材料越来越小，直至不足以传递载荷时，模具就会突然被破坏（开裂成两块或碎裂为数块）。

　　如何提高抗疲劳断裂失效的能力呢？可以从以下几个方面着手：强化模具表面，使零件表面层产生一定的压应力；细化材料晶粒，提高疲劳强度极限；采用变形热处理的方法，形成锯齿状晶界或使晶粒定向排列；提高金属纯度，减小夹杂物尺寸；清除表面加工及损伤缺陷，提高表面完整性。

三、塑性变形失效

　　塑性变形失效是指在模具使用过程中，在应力和温度的作用下，发生了塑性变形，改变了其几何形状或尺寸，而不能修复再服役的失效。其表现形式为塌陷、弯曲、镦粗等。

　　模具在服役时承受得巨大的应力和载荷一般是不均匀的，当模具的某个部位所受的应力超过了当时温度下模具材料的屈服强度时，就会以滑移、孪晶、晶界滑移等方式产生塑性变形，造成模具无法修复而报废。

　　在室温下服役的模具（冷作模具），其塑性变形是模具材料在室温下的屈服过程，是否产生塑性变形，起主导作用的是机械负荷及模具的室温强度，而模具的室温强度取决于所选择的模具材料及热处理状态。在高温下服役的承载模具（如压铸模、塑料注射模、热锻模等）其屈服过程是在较高温度下进行的；是否产生塑性变形，主要取决于模具的工作温度和模具材料的高温强度。

如何提高抗塑性失效的能力呢？可以从以下几个方面着手：模具结构设计合理，有足够的安全系数；模具设计选材正确，有足够的强度安全系数；严格控制原材料质量；严格控制冷加工质量，提高表面完整性；严格控制热加工质量，减少热加工缺陷，提高热处理质量；控制操作使用程序，对安全超载有自动显示与报警装置。

四、多种失效因素的综合作用

模具的工作条件极为复杂恶劣，一副模具，在长期的使用过程中可能会出现多种损伤形式，这些损伤又相互促进，最后以一种形式失效。

（1）磨损对断裂及塑性变形的促进作用

在同一模具上可能同时发生多种形式的表面损伤，如同时发生磨损和热疲劳裂纹等，各种表面损伤形式之间的交互作用又促使损伤的积累和发展。例如，磨损沟痕可成为裂纹的发源地，当由磨损形成的裂纹在有利于其向纵深发展的应力作用下，就会造成模具的断裂失效；当模具局部磨损后，会带来材料承载能力的下降及易受偏载，从而造成一部分金属材料因承受过大的应力而产生塑性变形失效。

（2）塑性变形对磨损及断裂的促进作用

局部塑性变形后，一方面改变了模具零件间正常的配合关系，如模具间隙不均匀、间隙变小，从而造成不均匀磨损，磨损速度加快，进而促进磨损失效；另一方面，塑性变形后，模具间隙不均匀，承力面变小，会带来附加的偏心载荷及局部应力过大，造成应力集中，并由此产生裂纹，促进断裂失效。

 思考题与练习

1. 什么是模具失效？按失效的形式可分为哪几类？
2. 什么是磨损失效？磨损失效可分为哪几类？其分别有什么特点？
3. 简述磨粒磨损及其特征。
4. 什么是断裂失效？断裂失效有哪几种类型？
5. 简述模具疲劳断裂的特点。
6. 什么是塑性变形失效？如何提高抗塑性失效的能力？

任务二　　模具的工作条件及失效的形式

 任务描述

各类模具在其不同的工作条件下破损失效的表现形式是不相同的，这些不同的工作条件与其损坏的形式之间有什么联系，是否有一般的规律可循，是本任务的主要研究方向。

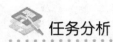
学习目标

1. 熟悉冷作模具、热作模具、塑料模具的工作条件。
2. 掌握冷作模具、热作模具、塑料模具的失效形式和特征。

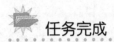
任务分析

各类模具因使用要求和相应的工作条件不同，其损坏的形式也各有差异，这种差异呈现了失效特征。所以要正确分析出模具失效的原因，找出提高模具寿命的措施，首先需要认识和了解模具的工作条件和可能产生的失效形式。

任务完成

模具的种类很多，按照用途的不同，大致可分为六类：冷冲压模、热锻压模、压力铸造模、塑料模、玻璃压模和粉料压制模等。在机械、电机、电子、仪表等工业部门中，使用最广的是各种冷冲压模、热锻压模、压力铸造模和塑料模。

每套模具都由许多零件组成，其中对模具的质量和寿命起决定作用的是工作零件。因而通常主要研究模具工作零件的工作条件和失效形式等问题。模具（本书中通常专指模具工作零件）的损伤和失效形式，主要有塑性变形、磨损、断裂和冷热疲劳等。除了冷热疲劳主要出现于热作模具外，其余几种失效形式在各种模具上均可能出现。

一、冷作模具工作条件及失效形式

冷作模具是在常温下对材料进行压力加工或其他加工所使用的模具。典型的冷作模具有冲裁模、拉深模、挤压模和冷镦模。各种冷作模具的工作都是在常温下对被加工材料施加压力，使其产生分离或变形，从而获得一定形状、尺寸和性能的零件。不同种类的冷作模具，其具体工作条件不同，它们的失效形式又各有不同的特点。

1. 冲裁模

冲裁模具主要用于各种板料的冲切。图 1.2-1 是简单冲裁模工作示意图。冲裁模的主要工作部位是凸模（冲头）、凹模的刃口，它们对板料施加压力，使板料产生弹性变形、塑性变形，直至被剪裂。

从冲裁工艺分析中我们已经得知，板料的冲裁过程可以分为三个阶段：弹性变形阶段［见图 1.2-2（a）］、塑性变形阶段 ［见图 1.2-2（b）］和剪裂阶段 ［见图 1.2-2（c）、（d）、（e）］。

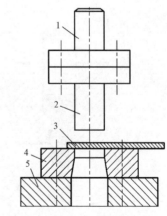

1—模柄；2—凸模；3—条料；4—凹模；5—下模座

图 1.2-1 冲裁模工作示意图

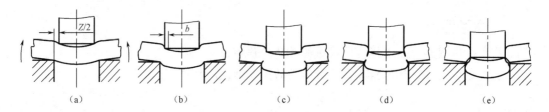

图 1.2-2　冲裁过程示意图

　　冲裁模的主要工作部位是凸模（冲头）、凹模的刃口，冲裁模的刃口在冲裁时除承受机械压应力、剪应力、弯曲及剧烈的摩擦热应力外，在凸模回程卸料时还要承受拉应力，并与材料冲切断面产生强烈摩擦。这些应力与热量的叠加与复合，导致刃口表面疲劳、变形，产生局部擦伤、黏结、焊合，最终形成疲劳磨损。

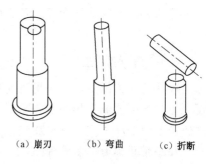

图 1.2-3　凸模断裂和塑性变形形式

　　模具刃口在压力和摩擦力的作用下，最常见的失效形式是磨损。其中凸模的受力较大，且在一次冲裁过程中经受两次摩擦（冲入和退出各一次），因而凸模的磨损较快。磨损使刃口变钝，棱角变圆，甚至产生表面剥落，从而使冲裁件毛刺增大，尺寸超差。这时，必须对模具刃口进行修磨才能继续使用。图 1.2-3 所示为凸模断裂和塑性变形形式。

　　冲裁模的失效形式主要为变形、磨损、凸模的折断等，故要求冲裁模要刃口强韧、耐磨。

2. 冷挤压模

　　冷挤压模主要工作零件是凸模（冲头）和凹模。按照被挤压金属流动方向与凸模运动方向之间的关系，冷挤压可分为正挤压、反挤压、复合挤压三种。图 1.2-4 所示为冷挤压工艺分类示意图。

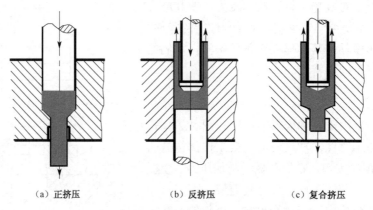

（a）正挤压　　　　　（b）反挤压　　　　　（c）复合挤压

图 1.2-4　冷挤压工艺分类示意图

　　挤压时，冲头受到很大的三向压应力。例如，假设坯料是抗拉强度为 400MPa 的低碳钢，则冲头承受的最大名义压应力可达 2500MPa。在冲头的尺寸过渡处，实际应力水平还更高。而在脱模时，冲头又承受挤压件对其作用的摩擦阻力所引起的拉应力。加之坯料端面不平整、冲头与凹模间隙不均匀和中心线不一致等因素，还会使冲头在挤压时承受很大的偏载或弯曲载荷，造成冲头的塑性变形和整体断裂，如图 1.2-5 所示；凹模在冷挤时受到很大的切向拉应力和径向压应力；另外，挤压时，由于摩擦功和变形功转化为热能，从而使模具表面产生的局部温升可高达 400℃。

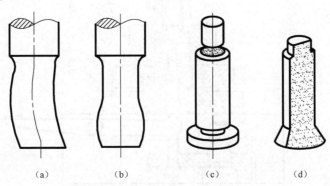

（a）　　　　（b）　　　　（c）　　　　（d）

图 1.2-5　冲头的塑性变形和整体断裂

冷挤压模具的凸、凹模由于受力状况有所不同，所以失效形式有所差异，一般凸模易于折断，凹模易于胀裂。冷挤压凸模的失效形式主要有折断、磨损、镦粗、疲劳断裂和纵向开裂；冷挤压凹模的失效形式主要有胀裂和磨损。

冷挤压模具的磨损主要是磨粒磨损和黏着磨损，磨损主要发生在凸模的工作端部和凹模内壁。模具表面温度的升高可能会使模具材料的表层软化，从而加速磨损失效的过程。

冷挤压时，凸模可能会在弯曲应力或应力集中的作用下折断，或因脱模时的拉应力而拉断。凸模肩部由于承受很高的压应力和摩擦力，易产生麻点和磨损，成为导致凸模折断的疲劳源。若凸模选材或热处理不当，在压应力和弯曲应力的作用下，将产生纵向弯曲或镦粗，镦粗一般发生在距工作端部 1/3～1/2 凸模工作长度处，一旦发现凸模镦粗，应立即重磨。如果凸模因抗压强度不够而发生镦粗，则在工作部位表面会产生拉应力，引起表面纵裂。若继续挤压，裂纹将扩展并连接起来，造成掉块（凹模表面成片剥落）。

若凹模抗拉强度不够，挤压时在切向拉应力的作用下，会产生胀裂（纵向开裂），凹模型腔变化的部位会发生横向开裂。如果采用预应力组合凹模，长期工作中内层凹模型腔内壁会因拉、压交变循环的切向应力作用导致疲劳开裂。

3. 冷镦模

图 1.2-6 为冷镦模工作示意图。冷镦模主要工作零件是凸模（冲头）和凹模，其受力状况与冷挤压模相似。模具工作时，坯料受强烈镦击，塑性变形抗力大，冲头承受巨大的冲击压力（压应力最大可超过 2500MPa）和摩擦力，凹模承受巨大的冲胀力和摩擦力。此外，如果被冷镦坯料的材质不均、坯料端面不平、冷镦机精度不够或调整不好，还可使冲头产生弯曲应力，进一步恶化冲头的受力状况。

冷镦模最常见的失效形式是磨损失效和疲劳断裂失效。其中，磨损失效有磨粒磨损、表面损伤、冲击磨损等多种失效形式，特别是凸模在冲击力的作用下，表面会产生剥落而出现麻坑。而由磨损所造成的表面损伤、麻坑、擦伤痕等，均可能成为疲劳裂纹源，导致模具的疲劳断裂。除此之外，还可能产生凸模的塑性变形和折断，引起凹模的模口胀大、棱角堆塌、腔壁胀裂等损伤，而出现模具的失效。

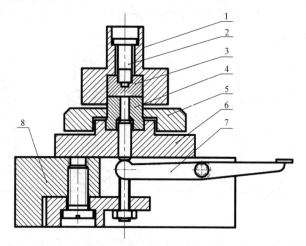

1—模柄；2—螺钉；3—凸模；4—凹模；5—固定套；6—凹模固定板；7—杠杆；8—底座

图 1.2-6　冷镦模工作示意图

应该注意的是，由于冷挤压模和冷镦模受力较大，因而模具的结构、加工质量、润滑条件、维护保养，以及冷挤压工艺设计等因素对模具的失效和寿命影响都很大。在进行这类模具的失效分析时，应特别注意这些因素所起的作用。

4. 拉深模

图 1.2-7 为冷拉深模示意图。模具工作时，坯料受拉应力而延伸变形，凸模受压应力及摩擦力，凹模受径向胀力和摩擦力。由于坯料变形大，所以，凸、凹模受的摩擦力十分强烈。但总的来看，模具承受的力不算太大。

由于拉深模具的工作部件没有刃口，受力面积大，工作时无严重的冲击力，因此，拉深模不易出现塑性变形和断裂失效。但是工作时存在着很大的摩擦，拉深模具的主要失效形式为黏着磨损和磨粒磨损，并以黏着磨损为主，是拉深过程中常出现的问题和模具失效的重要原因。黏着磨损的部位发生在凸

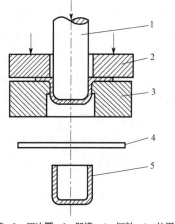

1—凸模；2—压边圈；3—凹模；4—坯料；5—拉深件

图 1.2-7　冷拉深模示意图

模、凹模的圆角半径处，以及凹模和压边圈的端面，其中以凹模和压边圈的端面黏着磨损最为严重。模具与工件表面产生黏着磨损后，脱落的材料碎屑会成为磨粒，从而伴生出磨粒磨损。磨粒磨损将使模具表面更为粗糙，进而又加重黏着磨损。

从显微观察看，模具和坯料的表面都是凹凸不平的，由于模具表面的硬度高于坯料，相互挤压摩擦时会将坯料表面刮下的碎粒压入模具表面的凹坑。在拉深过程中，坯料的塑性变形及坯料和模具工作部件表面的摩擦，会产生出热能。特别是在某些塑性变形严重和摩擦剧

烈的局部区域，所产生的热能造成了高温，破坏了模具和坯料表面的氧化膜和润滑膜，使金属表面裸露，促使材料分子之间相互吸引，并使模具表面凹坑里的坯料碎屑熔化，和模具表面焊合，形成坚硬的小瘤，即黏结瘤。这些坚硬的小瘤，会使拉深件表面粗糙度变差，严重时将在产品的表面刻划出刻痕，擦伤工件，并且加速模具的不均匀磨损，这种失效形式又称黏模。此时，需对模具进行修磨，除去黏附的金属。拉深模的重要问题，就在于如何防止黏附的金属小瘤。

在拉深工作中，出现拉深黏模的问题，与被拉深坯料的化学成分、所使用的润滑剂及模具工作部件的表面状况等因素有关。镍基合金、奥氏体不锈钢、坡莫合金、精密合金等材料拉深时极易发生黏模。为保证产品的质量，拉深模的工作部件表面不允许出现磨损痕迹，必须具有较低数值的表面粗糙度和较高的耐磨性。

二、热作模具工作条件及失效形式

热作模具是指对金属材料加热到再结晶温度以上进行压力加工的模具。典型的热作模具有锤锻模、高速锤锻模、机锻模、热挤压模、热冲裁模和压力铸造模等。各种热作模具既承受机械负荷，又承受热负荷，工作状况比较恶劣。

1. 锤锻模

锤锻模是在模锻锤上使用的热成形模具。图 1.2-8 为锤锻模工作示意图。模具工作时，会承受巨大的冲击载荷，受坯料变形的反作用，型腔表面会承受很大的压应力、拉应力和弯曲应力；同时，型腔表面经常和 1100～1200℃的炽热金属坯料接触而被加热，模具可升温到 300～400℃，局部温度到 500～600℃。因此，锻压时模具快速加热、升温，结束时用水或油冷却润滑而剧烈降温，对模具产生急冷急热的作用，同时被加工坯料对锻模型腔有强烈摩擦。

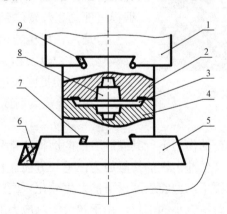

1—锤头；2—上模；3—飞边槽；4—下模；5—模座；6,7,9—坚固楔铁；8—模膛

图 1.2-8　锤锻模工作示意图

锤锻模在上述复杂的工作条件下服役，其失效形式也复杂多样。锤锻模中承受机械负荷和热负荷较重的部分是型腔，其基本失效形式有型腔部分的模壁断裂、型腔表面热疲劳、塑性变形、磨损等。锤锻模的燕尾部分承受冲击载荷且有应力集中，因而燕尾开裂也是常见的

基本失效形式。

（1）模具型腔部分的断裂

锤锻模的断裂按其断裂的性质，可分为早期脆性断裂和机械疲劳断裂。

早期脆性断裂是在锤击次数较少时发生的，有的仅锻打几次就会出现断裂。模具在很大的冲击载荷作用下，型腔部分受拉应力较大而又薄弱的部位可能会产生裂纹，当裂纹受力扩展至一定尺寸时，便会发生快速失稳扩展而导致突然断裂。其断口的宏观形貌特征从断裂源开始，裂纹呈人字花纹向外扩展。

机械疲劳断裂是在模具经受许多次锻击后发生的断裂。由于锤锻模所承受的冲击应力较一般机械零件承受的"静"载交变应力要大得多，故其疲劳断裂的周次远小于一般的高周疲劳，可以认为是较大冲击能量的冲击疲劳。其疲劳破坏的宏观和微观断口也具有一般疲劳断口的特征，但宏观断口上的裂纹扩展区一般较小。

（2）型腔表面的热疲劳

"热疲劳"是零件（如热作模具）在循环热应力的反复作用下所产生的疲劳裂纹或破坏。

由于锤锻模的截面尺寸较大，沿截面的温度梯度也大，其型腔表面受急热、急冷的作用而内层的温度变化较小，这样，型腔表面在循环热应力的作用下产生循环的塑性应变，经过一定周次，导致表面产生许多细小的裂纹，即热疲劳裂纹。

热疲劳裂纹可以呈条状、放射状，有的则连成网状，所以常称"龟裂"，图 1.2-9 为网状热疲劳裂纹相图。

热疲劳裂纹属于细小浅表裂纹，一般仅数毫米。除了表面质量要求高的精锻模外，普通锻模出现热疲劳裂纹后仍能继续服役。

但是，在机械应力的继续作用下，加上继续氧化腐蚀，以及由于坯料的摩擦、挤入所产生的对裂纹的扩张作用，可使裂纹继续向纵深扩展，并可能成为脆断和疲劳断裂的裂纹源。

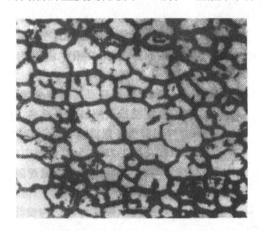

图 1.2-9　网状热疲劳裂纹相图

（3）型腔表面的磨损

锤锻模在机械负荷和热负荷的作用下，其型腔表面的磨损非常复杂。在多次重复冲击作用下，一方面坯料对型腔表面产生冲击性的接触应力；另一方面坯料塑变流动对型腔表面产生强烈的摩擦。在热负荷的作用下，型腔表面层可能发生软化，同时表面的氧化也将加剧。

①在型腔表面与坯料滑动摩擦较小的部位，由于较大接触应力的重复作用，易使型腔表面产生小块剥落，形成痘状麻坑。

②在型腔表面与坯料滑动摩擦较大的部位，由于摩擦切应力和热负荷的作用，易使型腔表面产生氧化磨损和热黏着磨损。

当模具表面形成薄而致密的氧化膜时，可具有润滑和减摩作用，能防止热黏合现象。但在温度较高，所形成的氧化膜厚而疏松时，则由于氧化膜容易破裂、剥落，且氧化物碎片又成为磨粒，将加剧型腔表面的磨损。

（4）模具型腔的塑性变形

锤锻模的塑性变形常发生在模具型腔中受力大且受热温升高的部位。温度升高会使模具材料的屈服强度下降，且当温度高于模具的回火温度时，则进一步使之软化。当软化部位的屈服点低于该部位所承受的应力时，就会产生塑性变形。

模具型腔中的肋、凸台等突出部位吸热较多、温度较高、受力也较大，另外，在模具型腔深处，常因热处理而硬度偏低，所以，这些部位便会出现棱角堆塌、型腔凹陷等塑变现象。

（5）模具燕尾开裂

锤锻模上、下模块的燕尾是安装固定模块的部位，燕尾根部凹槽有应力集中，尤其当存在加工刀痕时，易在冲击载荷的重复作用下，在刀痕处萌生疲劳裂纹，裂纹沿刀痕横向延伸并向纵深扩展，造成燕尾开裂。据有关统计资料介绍，国内有 10%～30% 的锤锻模因燕尾开裂而失效。

2. 热挤压模

热挤压模是使被加热的金属坯料在高温压应力状态下成形的一种模具。和冷挤压工艺类似，热挤压工艺也分为正挤压、反挤压、复合挤压三种。另外，因热坯料的塑变流动性好，还能采用坯料流动方向与冲头运动方向相垂直的径向挤压工艺。无论哪种挤压方法，所用模具的主要组成部分都是冲头和凹模。模具的工作条件和失效形式，也是针对冲头和凹模而言。

热挤压模具的冲头和凹模，其基本失效形式与锤锻模类似，有早期脆断、疲劳断裂、热疲劳、型腔堆塌和磨损等。热挤压模在使用中普遍产生热疲劳裂纹和热磨损沟痕，从而成为模具断裂的裂源。另外，塑性变形和磨损也是它主要的失效形式。常见的塑性变形表现为冲头镦粗、弯曲，凹模型腔的局部堆塌。故要求此类模具要有高的抗断裂力、高温强度、耐磨性及红硬性、一定的抗氧化能力。

3. 热冲裁模

热冲裁模主要用于冲切模锻冲的飞边和连皮，冲裁工作可以在模锻锤或压力机上进行。模具的主要工作零件是凸模和凹模，凸、凹模完成剪切过程，凹模刃口承受挤压、摩擦和一定的冲击载荷。由于是热切边，切边模的刃口将受热温升，故其工作条件是较苛刻的。

失效形式主要为刃口磨损、崩刃、卷边及断裂。故要求热冲裁模要有高的耐磨性及红硬性、一定的强韧性。

4. 压铸模

压力铸造模（简称压铸模）是在压铸机上用来压铸金属铸件的成形模具，图 1.2-10 为压铸模工作示意图。模具工作中，压铸模的型腔表面会承受液态金属的压力、冲刷、侵蚀和高温作用，每次压铸脱模后，还要对型腔表面进行冷却、润滑，使模具承受频繁的急热、急冷作用。但由于被压铸的金属材料不同，其熔化加热的温度差别很大，使得压铸模工作条件的苛刻程度有很大的差别。

①压铸铝合金时，压铸模型腔的表面温度可达 600℃ 左右，主要失效形式是黏模、侵蚀、热疲劳、磨损和断裂。

②压铸铜合金时，压铸模型腔的表面温度可达 750℃以上，主要失效形式是热疲劳龟裂，使用寿命远低于压铸铝合金。

③压铸铁合金时，压铸模型腔的表面温度高达 1000℃以上，模具的寿命极低，往往压铸几百次即告失效。

④压铸锌合金时，压铸模型腔的表面温度不超过 400℃，热负荷较小，模具的工作寿命较长。

上述例子表明，压铸模的寿命主要受压铸件材料熔化温度的影响，熔化温度越高的材料，压铸时模具的寿命就越低。

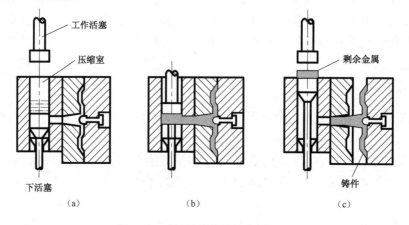

图 1.2-10　压铸模工作示意图

三、塑料模具工作条件及失效形式

根据成形方法不同，塑料模可分为注射模、压缩模、压注模、挤出模和气动成形模等。其中，使用最广的是注射模，其次是压缩模和压注模，近年来随着塑料在建材和包装行业的大量使用，使得挤出模和气动成形模也得以迅速发展。

塑料模的主要工作零件是成形零件，如凸模、凹模等，它们构成塑料模的型腔，以成形塑料制件的各种表面，并直接与塑料接触，承受其压力、温度、摩擦和腐蚀等作用。

塑料模型腔承受的注射压力一般为 40～140MPa，闭模压力为 80～300MPa 或更高，受热温度为 140～300℃，其具体参数与塑料的种类有关。型腔表面承受摩擦和腐蚀的剧烈程度更是取决于塑料的种类及其填充物的性质，不同的塑料之间差别很大。对于需要手工操作的模具，如移动式压缩模或压注模，在装模和脱模时还经常受到手用工具的敲击和碰撞。

1. 注射模

注射模主要用于成形热塑性塑料制品。模具在使用时，型腔不仅受高压（有时型腔承受压力高达 100MPa）高速塑料熔体冲刷，而且还受冷热交变的应力作用；同时，还受制品脱模时的刮磨，某些含氟和氯的制品材料在成形时，析出的气体对模具型腔表面还有腐蚀作用。

失效形式主要为型腔表面的磨损、腐蚀及模具断裂、热疲劳。模具型腔表面的磨损、摩擦及腐蚀，使得模具型腔表面粗糙度恶化和拉毛。其结果为一是影响制件的外观质量；

二是制品尺寸超差。模具的断裂及热疲劳，使得模具过早的失效，极大地缩短了模具的使用寿命。

2. 压缩模

压缩模主要用于热固性塑料制品成形。模具在工作时，受热和力的作用，磨损大，加之制品多含有固体填充剂，模具成形表面易受腐蚀；如果手工操作时还会受到脱模的冲击和碰撞。

失效形式主要为模具型腔表面的磨损（表面拉毛）、塑性变形和模具型腔表面的腐蚀。由于热固性塑料和模具表面的严重摩擦及表面腐蚀，会造成模具表面拉毛，使得模具型腔表面粗糙度严重恶化，影响制品表面质量。为此，需要对模具型腔表面进行定期抛光，经多次抛光后，会由于模具型腔尺寸超差而失效。另外，由于压缩模所受压力大，尤其是小型模具在大吨位压力机上超载使用时，很容易使模具表面产生凹陷、皱纹、堆塌等，特别是在模具棱角处更容易产生塑性变形，而使模具早期失效。

3. 挤出模

挤出模可以成形所有热塑性塑料和某些热固性塑料。模具在使用过程中，因物料在挤出模内截面不同的位置受到的壁压和阻力不同，会产生不均匀磨损、物料偏流、制品成形尺寸超差、壁厚不均、弯曲或翘曲度超标等质量缺陷。同时，因装卸、清理、保养不当，也会造成挤出模工作面与分解面锈蚀、粗糙度变大，流道结合部产生死角，致使挤出塑料制品外观粗糙，或发生物料滞流与糊料现象等情况。另外，制品材料析出的气体，也会对模具成形表面产生腐蚀。

失效形式主要为模具型腔表面的不均匀磨损及腐蚀，从而导致模具的早期失效。

知识链接

坡莫合金，是指铁镍合金，其含镍量的范围很广，为35%～90%。坡莫合金的最大特点是具有很高的弱磁场磁导率。它们的饱和磁感应强度一般为0.6T～1.0T。

精密合金是含有多种元素的合金，它要求严格的化学成分范围、特殊的熔炼工艺和热处理工艺，且具有一定的物理性能和物理机械性能。

模具失效图如图1.2-11～图1.2-23所示。

图1.2-11　冲裁模导套断裂

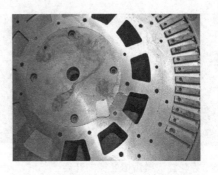

图1.2-12　硅钢片冲裁模凹模断裂

（a）模具齿顶（抛光后）裂纹　　　（b）模具齿顶裂纹　　　（c）模具齿顶裂纹

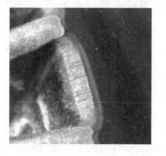 

（d）模具开口圆角处裂纹　　　　　　（e）失效模具热疲劳裂纹

图 1.2-13　齿轮锻模热疲劳裂纹

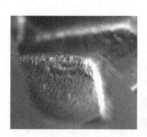  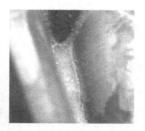

（a）模具齿顶及上端面变形　　（b）模具齿顶变形　　（c）齿根圆角变形

图 1.2-14　齿轮锻模热塑性变形

图 1.2-15　齿轮温锻模齿槽处径向开裂　　　　图 1.2-16　镶套开裂

图 1.2-17 热锻模镶套开裂

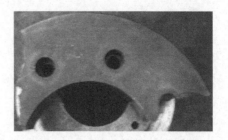

图 12-18 热锻模接合齿压板开裂

图 1.2-19 冷挤压精整上模径向开裂

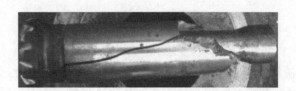

图 1.2-20 冷挤压（浮动模）下顶杆开裂

图 1.2-21 冷锻模镶套开裂

图 1.2-22 冷锻模具镶套开裂

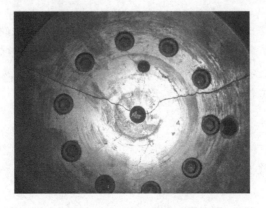

图 1.2-23 冷锻垫板开裂

思考题与练习

1. 冲裁模有哪些失效形式？
2. 冷挤压模的失效形式有哪些？
3. 冷镦模最常见的失效形式有哪些？
4. 冷拉深模的主要失效形式有哪些？
5. 锤锻模的失效形式主要有哪些？
6. 热挤压模的失效形式有哪些？
7. 塑料模的主要失效形式有哪些？

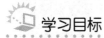 **任务三　模具失效分析的方法**

 任务描述

　　模具失效造成的经济损失，涉及企业的利益，为此要进行研究、讨论对策，使损失减小到最低。研究对策的基础是采取科学的分析方法，找到其失效的主要原因，从失效性质的定性，到失效主要原因的量化分析，才能获得正确合理的对策措施。那么，什么是科学的分析方法？这是本任务要解决的问题。

 学习目标

1. 明确模具失效分析的主要任务。
2. 掌握模具失效的分析依据和模具失效分析的方法和步骤。
3. 掌握模具失效的 PDCA 分析模式和主要内容。

 任务分析

　　模具失效分析的主要任务是判断模具失效的性质，剖析其失效的原因，提出防止或延缓模具寿命的具体措施。为了完成这个任务，要采用全面质量管理科学的基本思路，按照 PDCA循环的程序，利用相关科学技术知识，根据模具失效的形貌特征、失效件的应力状态、失效材料的实际性能指标和工作环境等因素展开分析。

基本概念

　　失效分析：判断失效性质，分析失效原因，研究预防失效的措施等一系列的技术活动，称为失效分析。

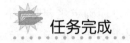
任务完成

一、模具失效分析的主要任务

模具失效分析的任务就是判断模具失效的性质，分析模具失效的原因，并提出防止或延缓模具失效的具体措施。要正确地判断模具失效的性质，主要依据模具失效的形貌特征、失效件的应力状态、失效材料的实际强度值和失效的工作环境等因素。因此，模具失效原因分析和预防措施的提出，可以从以下几个方面入手。

1. 合理选择模具材料

根据模具的工作条件和可能出现的失效形式，提出相应的评价材料性能的指标，并由此选用合适的模具材料及热处理工艺，以满足模具的使用要求。

2. 合理设计模具结构

模具结构的设计，应尽量使各部分均匀受载，使应力流线均匀分布并平滑过渡；尽量避免或减小应力集中，强化模具结构的薄弱环节。

3. 保证加工和装配质量

应制定合理的模具加工与装配工艺方案，正确按照技术要求和工艺规程实施，保证模具的加工精度和装配精度，以满足模具设计的技术要求。

4. 严格控制模具材料的质量

应控制模具材料的冶金质量及锻造、冷加工和热处理质量，防止或减小模具制造中的内外缺陷，从而防止或减少早期失效或非正常失效。

5. 采用表面强化工艺

在对模具整体进行强韧化的同时，采取各种方法对模具工作表面进行强化和改性，可以提高模具表面的耐磨、耐热、耐腐蚀性，能明显提高模具的服役寿命。

6. 合理使用、维护和保养模具

应严格按照操作规程对模具进行正确安装、合理使用并加强维护保养，减小环境损伤失效和随机失效。

二、模具失效分析的方法和步骤

模具失效的形式不同，失效分析的方法和步骤也不尽相同。对于较典型的失效形式——断裂，采用全面质量管理科学的基本思路，按照 PDCA 循环的程序，其分析过程主要包括以下几个步骤。

1. 分析现状，找出存在的问题

①分清现场工况（吨位、温度、机床情况，保存样本、拍照）；察看模具断裂失效的部位形式；询问生产设备的使用状况、操作情况和模具失效过程并统计模具的实际使用寿命；

对断裂失效件碎块进行收集和保存。应注意收集起所有的断裂碎块，以便确定主要断口和进行断口分析。在收集断裂碎块时，应注意保护断口的洁净和新鲜。对于洁净的断口，应立即放入干燥器内进行保护；对有油泥污染的断口，应依次用汽油、丙酮（或三氯甲烷、苯等）、无水乙醇清洗断口，并用热风吹干后放入干燥器内；对于附有腐蚀产物的断口，可暂不清除腐蚀产物而直接放入干燥器内，以供分析原因时作参考依据。

②分清模具功能（定位、受力（受压、受拉））；用于导向的压板（磨损）与参与成形的压板（模具功能）失效方式不同。

2. 分析影响质量问题的各因素

1）模具材料、制造工艺和服役历史的调查及质量检验

对模具制造工艺历史的调查，主要通过翻阅有关技术资料、检测报告，取样检查同批原材料，询问制造者等方式进行，要核实制造中的各个环节是否符合有关标准规定和设计、工艺的技术要求。调查的内容一般为材质状况、锻造质量、切削加工和磨削加工质量、电火花成形加工和线切割加工质量、热处理和表面处理质量、装配质量等。

为了进一步了解模具的内在质量，一般可进行无损探伤、化学成分分析、力学性能测定及组织鉴定等。

对模具服役历史的调查，主要是查阅模具运行记录、调整及维修记录，了解锻压设备及被加工坯料的状况，询问操作者有关模具的使用条件和使用状况，是否按规程操作及有无异常现象等。

2）模具工作条件和断裂状况分析

模具的工作条件主要包括受力状况和温度、介质等工作环境状况。受力状况主要包括载荷性质，如静载荷、冲击载荷、循环载荷等；载荷类型，如拉深、压缩、扭转、弯曲等；应力情况，如应力的分布、最大应力的大小及部位，应力集中状况、断裂部位的应力状态和应力大小等。

工作环境状况主要包括工作温度的高低、工作温度的变化幅度及其所引起的热应力大小、介质种类、含量及腐蚀性等。

模具的断裂状况主要包括断裂处的塑性变形程度，断口的取向、位置、表面状况，以及断口和模具结构的关系等。通过断口状况分析，可初步确定断裂的性质和类型。

当模具断裂为多个碎块时，应找出最早断裂的主断口。其方法是，将各碎块按照模具原来的形状拼合在一起，并察看其密合程度，密合最差、裂隙最大的断口为最早断裂的主断口。通过肉眼观察或用量具测量断口处的塑性变形量，就可初步确定是韧性断裂还是脆性断裂。再根据主断口的取向，可以分析模具断裂的载荷类型和实际应力状态。例如，脆性断口总是与最大正应力作用的方向垂直，齐平的韧性断口总是与最大切应力作用的方向平行等。而当断裂起源于模具外形结构的缺口或应力集中处时，则说明缺口效应和应力集中对断裂的影响作用很大。

另外，根据断口氧化色的不同，可大致分析出模具工作温度的高低；根据断口有无腐蚀产物，可确定模具的工作介质有无腐蚀性。

3）断口分析

断口分析就是对断口的宏观形貌和微观形貌进行分析。分析的结果能为进一步确定断裂

的性质、类型和原因提供重要的依据。

断口的宏观分析是用肉眼、放大镜或低倍立体显微镜分析断口的形貌。它用来判定断裂的性质，即快速断裂、疲劳断裂或应力腐蚀断裂；断裂的类型，如快速断裂是韧断还是脆断；裂源的位置和断裂的走向如何；疲劳断裂时的应力大小、应力集中程度和疲劳寿命。

断口的微观分析是用高倍电子扫描显微镜或透射电子显微镜分析断口的微观形貌。它是宏观断口分析的深化和必要补充。它用于分析微观断裂的性质，即微观韧断或微观脆断；微观断裂的机理；显微组织对断裂的影响等。此外，它还可用于估算疲劳裂纹宏观扩展速率和疲劳寿命。

对于应力腐蚀断裂，其断口往往附着腐蚀产物。为避免腐蚀产物对断口分析的干扰，应先对断口上的腐蚀产物进行成分和相结构分析，然后用化学或电化学方法将其清除，之后进行断口分析。

当模具中存在材料缺陷和加工缺陷时，往往会在缺陷处产生裂纹并扩展。故应分析裂源和断裂路径与各类缺陷的关系，以确定缺陷对断裂的影响。常见的缺陷有非金属夹杂物、碳化物编聚、表面微裂纹、过热、过烧、回火不充分等。可选取断裂碎块，在裂源和断裂扩展区处，分别以垂直于断口的截面制备金相试样，用光学或电子显微镜观察断口处的缺陷和显微组织。

3. 找出不利因素，判定断裂原因

断裂失效分析的目标是要找出断裂的原因。而要得出正确的结论，就要对上述各项分析的结果、数据和信息进行综合的推理分析，并借助各学科的知识和经验进行系统的研究。

首先，根据模具断裂状况的分析和断口分析的结果，综合判定模具断裂的性质和类型，并由此列出所有可能的断裂原因。可能的断裂原因一般包括设计不合理，选材不当，材质不良，各种加工和热处理缺陷，操作使用不当和安装、维护不良等方面。

然后，根据模具的工作条件、制造工艺及服役历史、质量检验结论和现场使用状况等，进行逻辑推理、综合分析、相互印证，在可能的断裂原因中，逐一排除被证明为不可能的原因，最终判定引起断裂失效的主要原因。必要时，还可以进行失效重现性试验或模拟试验，以证明所判定的断裂原因正确与否。

4. 针对主要因素提出防护措施

根据判定的断裂原因，有针对性地提出防护措施，以避免或减少这种断裂失效现象的重复发生。

模具失效的原因主要有模具工作环境、模具质量、操作人员的水平和经验、生产管理制度等，其中最主要的是模具质量。因此在分析模具失效的原因和采取的措施时，应将重点放在对模具质量影响最大的制造过程方面。制造过程方面影响模具质量的因素主要有模具材料选择不当或冶金质量的问题；模具结构设计不合理；毛坯锻造质量差，存在机械加工缺陷、热处理工艺选择不当、模具装配精度不高和维护不良等。

应该注意的是，同一模具可能有几种损伤形式，但最终先导致模具失效的形式可能是其中的一种（如脆性断裂）。当我们采取相应的措施（如提高材料的强韧性）防止了这种形式的失效以后，另一种失效形式（如磨损）又有可能成为主要矛盾，又需要采取另外的措施去解决第二、第三种形式失效的问题。

例如，经过分析确定导致模具失效的主要形式是脆性断裂，可采取提高强度和韧性的相应措施，有效防止模具断裂失效的产生。在以后的使用中磨损失效就有可能成为主要矛盾，又需要提高模具表面耐磨性等相应措施去解决新的失效问题，同时还要保证不使脆性断裂重新成为主要失效形式。这时可在提高模具强度和韧性的基础上采取表面强化的手段。

知识链接

PDCA 循环法。PDCA 是英文中 Plan、Do、Check、Action（计划、执行、检查、处理）的第一个字母连成的缩写，因由戴明创立，所以又称戴明环。PDCA 循环式企业管理是一个科学的工作程序，无论企业、车间、班组都应遵循。PDCA 反映的是一项任何工作其中包括质量管理都必须经过的四个阶段。这四个阶段周而复始不断循环，使质量不断改进。图 1.3-1 为 PDCA 循环图。

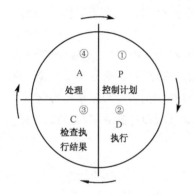

图 1.3-1　PDCA 循环图

PDCA 对各个阶段都有明确的要求，通常分为四个阶段、八个步骤，具体如下所述。

P 阶段，通过调查、设计、试验，制定技术经济指标、质量目标、管理项目及达到该目标的具体措施和方法。这是计划阶段。

D 阶段，按所制订的计划和措施去付诸实施。这是执行阶段。

C 阶段，检查执行效果，及时发现实施过程中的经验和存在问题。这是检查阶段。

A 阶段，根据检查结果，总结经验，找出教训以利再战。这是处理阶段。

八个步骤为①分析现状，找出存在的问题；②分析影响质量问题的各因素；③找出不利因素；④针对主要因素制订措施计划；⑤执行措施；⑥检查实施执行情况；⑦总结成果，吸取教训，纳入标准化；⑧找出遗留问题，转入下一个 PDCA 循环。

PDCA 循环的特点：一是大环套小环，互相衔接，互相推进；二是滚动螺旋式上升，不断小环，不断上升，如图 1.3-1 所示。通过 PDCA 循环使质量管理系构成一个系统的大的 PDCA 循环，各部门、各环节又都有各自小的 PDCA 循环，同时又各自延伸到班组中个人，以至形成一个大环套小环、小环套微环的综合质量管理体系，这像一部机器，机器上的各零部件均围绕质量这个中心进行统一协调、有效地运转。

 思考题与练习

1. 论模具失效分析的主要任务。

2. 模具失效原因的分析和防护措施的提出，可以从哪几个方面入手？

3. 模具断裂失效的分析过程主要包括哪几个步骤？

模块二　影响模具失效的因素

模具工作中，承受机械载荷、热负荷和环境介质等作用而不失效的能力，称为模具的承载能力。实际上，分析影响模具失效的基本因素，也就是分析影响模具承载能力的因素，除了模具的工作条件以外，还有模具结构及零件结构、模具材料、模具毛坯的锻造与预处理、模具的冷加工缺陷、模具的热处理缺陷、模具的表面处理缺陷、模具的装配、模具的使用与保养等。

学什么

各类模具因使用失效而报废，是自然规律不可抗拒的。所以我们要做的事情有两件：一是采取各种技术与管理措施，延长模具的使用寿命，使有限的资金投入尽可能地发挥其最大作用；二是通过科学分析找到影响模具使用寿命的薄弱环节，在设计与制造上采取对策措施，加以预防，防止夭折，减少不必要的损失。要想做好上述两件事，必须从以下几个影响模具失效的基本原因分析入手：

1. 模具结构（设计因素）。
2. 模具工作条件（使用因素）。
3. 模具材料（原材料品质因素）。
4. 模具制造（制作工艺技术因素）。

从上述基本因素剖析，便可找到模具失效的主要原因，对症下药即可制定出相应的解决措施，并通过实际运作验证而认定。

学习影响模具失效的四大基本因素的分析和相应的解决办法，是本模块的主要学习内容。

学习目标

通过常用模具常见的失效实例分析，初步学会模具失效分析与处理的技能，即模具失效分析的思路和方法，掌握模具失效的主要因素和解决的对策措施。

任务一　模具结构及零件结构的影响

任务描述

模具失效的基本原因，按全面质量管理的观点，首先要从失效的源头找起。一切产品质量的源头均来自于产品设计，模具失效的源头就是模具设计，模具的设计主要是指结构设计。对于模具的结构设计有哪些因素可能导致模具失效呢？这是本任务要探讨的重点。

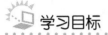 **学习目标**

1. 学会从模具设计的角度分析影响模具失效的因素。
2. 掌握模具几何形状、模具结构形式对模具失效的影响。

 任务分析

模具的设计从概念上讲有两个层面，一个是模具产品的设计；另一个是制作工艺的设计。本任务是研究模具产品的设计，工艺设计则安排在另一个任务里研究。模具产品的设计主要是根据企业生产产品的工艺要求而进行的模具结构设计和几何形状的设计。关于模具本身设计的零部件选材问题，因为很重要，将另做安排分析。下面将重点研究模具结构与几何形状对模具失效的影响分析和解决办法。

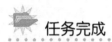 **任务完成**

模具结构对模具受力状态影响很大。合理的模具结构能使模具在工作时受力均匀，应力集中小，也不易受偏载。由于模具种类繁多，结构形式和工作环境都有很大差别，所以每一类模具都有各自的特性，但也有许多共性的问题，如模具的几何形状、模具的结构及模具的刚度等。

一、模具的几何形状对模具失效的影响

影响模具失效的几何形状因素主要包括模具的圆角半径、凸模端面形状、凹模锥角和凹模截面变化的大小等。

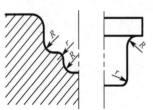

图 2.1-1　模具圆角半径

1. 圆角半径

模具零件两个面的拐角处，都会用过渡圆角相连（见图 2.1-1）。采用圆角结构可以获得良好的工艺效果，同时，也可避免拐角处产生应力集中。从图 2.1-2 应力图可以看出，不同拐角形式产生的应力集中源不同，圆角半径越大应力分布越均匀，越不容易产生应力集中，拐角为尖角结构时应力集中最严重。

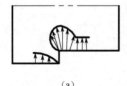
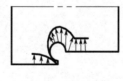

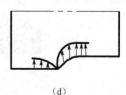

|（a）|（b）|（c）|（d）|

图 2.1-2　不同拐角形式应力集中源的应力图

模具的圆角半径可分为外（凸）圆角半径和内（凹）圆角半径。工作部位圆角半径的大小，不仅对工艺及成形件质量有影响，也对模具的失效形式和模具寿命生产影响。因此，模具结构中的圆角半径是模具零件的一个重要参数。

通常，凸圆角半径主要影响零件的成形工艺。例如，过小的圆角半径在板料弯曲时会造成拉裂，需要经过多次弯曲才能成形。在模锻中，易造成锻件折叠等缺陷。

凹圆角半径主要影响模具的失效。小的圆角半径会使局部受力恶化，在四周半径处产生较大的应力集中，易产生裂纹，导致断裂。大的圆角半径使模具受力均匀，不易产生裂纹。图 2.1-3 所示为冷挤压凹模截面处圆角的大小对模具失效的影响。从图中可以看出，在采用同一模具的条件下，过渡半径 R 从 2.3 增加到 3.2，模具失效就从 1.5 万件增加到 2 万件。

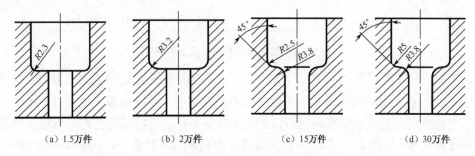

| (a) 1.5万件 | (b) 2万件 | (c) 15万件 | (d) 30万件 |

图 2.1-3　冷挤压凹模截面处圆角的大小对模具失效的影响

非工作部位的圆角半径过小，也会在模具使用过程中产生应力集中，降低模具的抗冲击力和抗偏载能力。

2. 几何角度

（1）凹模的锥角和截面变化

模具的工作角度对成形过程中坯料的流动、成形力及模具寿命都有很大的影响。图 2.1-3 所示实例也表示了凹模工作角度对模具寿命的影响，从图中可以看出，圆角过渡处加了过渡圆角、半径 R 增大到 5mm，模具寿命就可以从 1.5 万件提高到 30 万件。

以挤压为例：正挤压时，主要是凹模对挤压力产生影响，为了便于金属塑性流动和减小模具负荷，一般都将凹模的出口部分设计成锥形，如图 2.1-4（a）所示。图 2.1-4（b）所示为正挤压 15 钢时挤压力、挤压角度和凹模截面变化量关系曲线。从图中可以看出，挤压力的大小不仅与入口角 α 大小有关，还与锥形入口正挤压凹模的截面变化量 $\ln \dfrac{A_0}{A_1}$ 有关。冷挤压凹模型腔截面变化越小，尺寸过渡越平缓，则挤压力越小。采用挤压力较低的凹模形状，可以提高模具寿命。

（2）凸模的端面形状

模具凸模的端面形状对成形力和模具的寿命也会产生很大的影响。图 2.1-5 所示为各种不同端部形状的反向挤压凸模。

采用具有一定工作角度的平底带锥台的凸模结构（见图 2.1-5（a）），凸模端部受力面积较大，因此单位面积承受的挤压力比平底凸模结构（见图 2.1-5（b））可降低 20%，模具寿命也相应提高。

图 2.1-6 所示为反挤压黑色金属的凸模形状对单位挤压力的影响曲线。

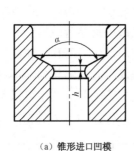

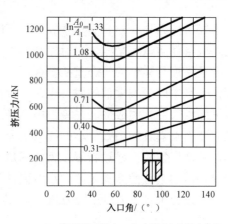

（a）锥形进口凹模　　　　　　（b）截面变化量和入口角对挤压力的影响曲线

图 2.1-4　凹模锥角对挤压力的影响

由图可知，当变形程度 ε_F 不是很大时，以平底凸模所受的单位挤压力为最大，半球面凸模［见图 2.1-5（c）］的挤压力最小，平底带锥台凸模居中。但变形程度过大时，球面凸模的单位挤压力会急剧上升。在平底凸模刃口处增加圆角半径，可降低挤压力；若将凸模端部设计成平底带锥角形［见图 2.1-5（d）］，对减轻挤压力也有明显效果。中心锥角 $\alpha = 120° \sim 130°$ 的凸模结构比较合理。锥角过大，对降低挤压力的作用并不明显；锥角过小，易造成侧向分力不平衡，引起凸模偏斜、弯曲或折断。

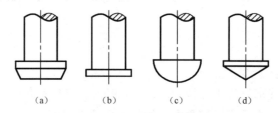

（a）　　　　（b）　　　　（c）　　　　（d）

图 2.1-5　各种不同端部形状的反向挤压凸模

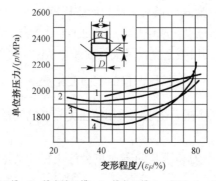

1—平底凸模；2—锥台端凸模；3—锥角凸模（$\alpha = 120°$）；4—半球面凸模

图 2.1-6　反挤压黑色金属的凸模形状对单位挤压力的影响曲线

图 2.1-7 为冷冲压变薄拉深过程示意图。变薄拉深在拉深过程中是靠减薄板料壁厚来增加高度而使制件成形的。拉深凹模的锥角 α 对拉深力及模具失效也会产生较大的影响，当变

形比 t_0/t 及摩擦因数 μ 一定时，凹模锥角可按式（2-1）选择最佳值，在此值下，模具承受的力最小，寿命最长。

$$\alpha = \left[2\mu(1 - \ln\frac{t_0}{t})\ln\frac{t_0}{t} \right]^{\frac{1}{2}} \qquad (2\text{-}1)$$

对于锤锻模、压铸模、塑料模等型腔模，型腔结构常需考虑脱模斜度以便制件脱模。型腔脱模斜度对模具型腔侧壁及底部的应力状态也有直接的影响。

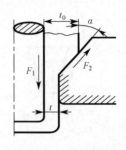

图 2.1-7　冷冲压变薄
拉深过程示意图

二、模具的结构形式对模具失效的影响

1. 整体式模具和组合式模具

整体式模具主要指凹模或凸模是由一块整金属加工成的模具。整体式模具不可避免地存在凹圆角半径，易造成应力集中，并引起开裂。

组合式模具是把模具在应力集中处分割为两部分或几部分，再组合起来使用的模具。采用组合式模具可避免应力集中和裂纹的产生。

图 2.1-8（a）所示为整体式结构易在 K 处产生裂纹，采用图 2.1-8（b）所示组合式结构后，避免了裂纹的产生，降低了模具失效。

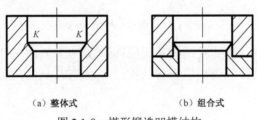

（a）整体式　　　　　　（b）组合式

图 2.1-8　塔形锻造凹模结构

模具结构的组合方法有多种形式，对其分别进行介绍。

（1）组合凸模结构

图 2.1-9（a）所示为一正挤压空心零件的整体模具。工作时，凸模前端小直径心轴部分先插入毛坯孔内，以控制挤压孔径的位置。但心轴根部应力集中严重，受力时容易折断。若将凸模设计成图 2.1-9（b）及图 2.1-9（c）所示的组合形式，则可避免应力集中，显著提高寿命。

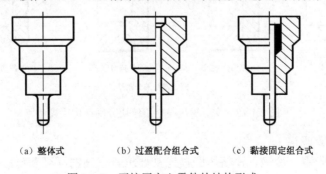

（a）整体式　　　（b）过盈配合组合式　　　（c）黏接固定组合式

图 2.1-9　正挤压空心零件的结构形式

凸模的各种组合形式如图 2.1-10 所示。

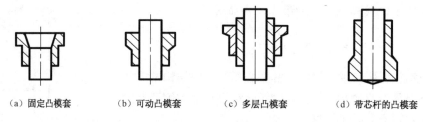

（a）固定凸模套　　（b）可动凸模套　　（c）多层凸模套　　（d）带芯杆的凸模套

图 2.1-10　凸模的组合形式

（2）组合凹模结构

图 2.1-11（a）所示为一中厚板弯曲模具。在设计成整体结构时，其 V 形槽底部常因应力集中而断裂。若设计成对开组合结构，将镶块嵌入强度高、韧性高的模块内，可防止早期胀裂失效，如图 2.1-11（b）所示。

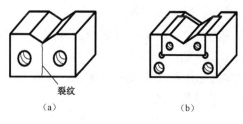

（a）　　　　　　　　　　（b）

图 2.1-11　弯曲凹模组合形式

冷挤压凹模受力复杂，整体式凹模常因底部 R 处应力集中而开裂。如果把凹模按纵向分割或横向分割的形式设计成镶块组合式结构，可以使 R 处的应力集中减小，如图 2.1-12 所示。

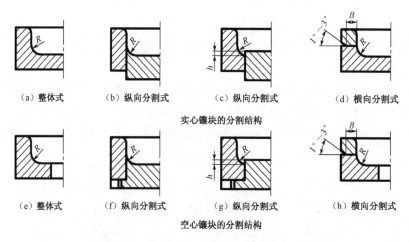

（a）整体式　　（b）纵向分割式　　（c）纵向分割式　　（d）横向分割式

实心镶块的分割结构

（e）整体式　　（f）纵向分割式　　（g）纵向分割式　　（h）横向分割式

空心镶块的分割结构

图 2.1-12　实心镶块与空心镶块分割结构比较

（3）预应力镶套凹模

为了防止模具胀裂、冷镦，冷挤压凹模通常要求具有高的硬度和耐磨性，同时还要求具有高的强度和韧性。但采用整体结构很难同时满足这两方面的性能要求。若采用预应力镶套结构，即用高、强、韧材料制造凹模体，工作部分采用淬硬的高速钢或硬质合金等高硬度、高耐磨性材料，通过压力将工作部分镶入凹模体成为组合式模具，可以满足型腔表面高耐磨性和整体高强、韧性的要求。

例如，图 2.1-13 所示为组合冷镦凹模，原采用高速钢整体式，常发生早期胀裂失效，寿命不到碳素工具钢的四分之一。后改为预应力镶套结构，模体采用结构钢，工作部分采用高速钢。二者过盈配合使工作部分预先产生切向压应力，以抵消一部分工作时产生的切向拉应力，使模具寿命高出碳素工具钢凹模的 8～10 倍。

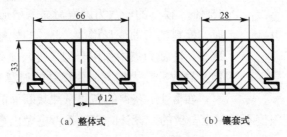

（a）整体式　　　　（b）镶套式

图 2.1-13　组合冷镦凹模

一般受力较大、形状复杂的凹模，既要防止胀裂，又要避免应力集中，可采用预应力镶套式纵向分割或横向分割的组合结构，如图 2.1-14 所示。

采用预应力镶套，使模具产生切向压应力，降低成形过程中的拉应力峰值，可有效提高模具寿命，凹模层数越多，寿命越高，这种方法在冷挤压凹模中应用比较广泛。例如，某厂生产的汽车轮胎螺母凹模原先采用三层结构，工作时，凹模 60°锥角部位切向拉应力达998MPa，模具寿命为 5000 件左右。后来改为四层结构，切向拉应力降为 745MPa，模具寿命为 25000 件，如图 2.1-15 所示。

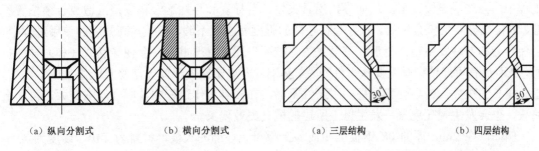

（a）纵向分割式　　（b）横向分割式　　　　　（a）三层结构　　　（b）四层结构

图 2.1-14　预应力镶套式组合凹模　　　　图 2.1-15　汽车轮胎螺母凹模结构示意图

2. 模具的工作间隙

模具工作间隙的确定是冷冲裁模设计时的重点内容。凸、凹模工作间隙的大小决定了模具的生产质量和使用寿命。

冲裁模凸、凹模的刃口间隙是工作间隙，也称冲裁间隙。模具间隙过大或过小，不仅直接影响冲裁过程和制件质量，也往往是造成模具过早失效的主要原因。工作间隙过大时，板料的弯曲变形增大，凸、凹模端面与板料的接触面积减小，冲裁力集中作用于刃口处，易使刃口塑变钝化，进一步的，刃口变钝又导致冲裁力增大，如此相互影响，使凸、凹模刃口磨

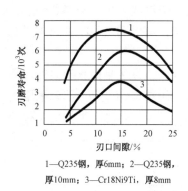

1—Q235钢，厚6mm；2—Q235钢，
厚10mm；3—Cr18Ni9Ti，厚8mm

图 2.1-16　刃口间隙对冷冲模
寿命的影响

损加剧，甚至崩刃。工作间隙过小时，会发生粘连现象，冲裁过程中的挤压作用增强，由于材料的弯曲变形，也会造成凸、凹模与材料的接触面摩擦力加大，刃口处应力值明显上升，同样会加剧凸、凹模刃口的磨损，甚至崩刃。

一般来讲，在凸、凹模间隙小的情况下，往往发生的是端面刃口磨损；反之，往往发生的是凸、凹模侧面刃口磨损。

如图 2.1-16 所示，当刃口间隙由板料厚度的 5%加大到 15%时，模具的一次刃磨寿命显著增加。当间隙过大（>15%）时，板料的弯曲变形增大，凸、凹模端面与板料的接触面积减小，冲裁力集中作用于刃口处，使刃口塑变钝化。刃口变钝又导致冲裁力增大，使模具的刃磨寿命降低。

实际上，获得的高质量冲裁断面的最佳间隙值和保证模具有较高寿命的最佳间隙值不是完全一致的，设计时应综合考虑做出最优选择。

3. 模具的结构刚度

（1）模具的导向装置

对带有导向机构（导柱和导套）的模具而言，它可保证模具工作中模具零件相互位置的精度，增加模具抗弯曲、抗偏载的能力，避免模具不均匀磨损。

可靠的导向机构，对于避免冲头与凹模啃伤极为有效，对于小间隙或无间隙的大中型型腔模、冲裁模、精冲模更为重要。包括四方面的内容：导套和导柱的布置形式、导套和导柱的配合精度、导套和导柱的强度和刚度（尤其是后者）、导套和导柱的耐磨性。

导套和导柱的布置形式，应尽可能使每个导套和导柱均匀承受载荷，否则，在模具工作过程中，会造成模板变形，从而导致模具失效。若导套和导柱配合精度差，造成合模位置不准，同样也会发生模具失效。若导套和导柱的强度和刚度不够，在模具高强度的使用过程中，会使导套和导柱发生塑性变形，甚至发生"咬死"现象，严重时，会使导套或（和）导柱折断，从而也有可能使模具主要成形件断裂、基础件严重塑性变形而无法修复或修复成本太高，造成模具的失效。若导套和导柱的耐磨性不够，在模具工作过程中，配合间隙变大，再加上偏载，也会发生咬死现象，发生以上所述的模具失效现象。

例如，在 2mm 厚的 08 钢板上冲裁 M3 螺母毛坯的冲裁模，材料为 T10，硬度为 55～59HRC，冲裁时没有采用导向板，冲头（凸模）的平均寿命为 778 件，采用导向板后，冲头的平均寿命为 3.85 万件，模具寿命相差近 50 倍。

因此，在其他条件相同的情况下，模具的导向精度越高，模具的寿命就越高。冲压模、注塑模的模具寿命高于锤锻模，除了工作条件不同之外，导向精度的差异也是影响模具寿命的重要因素。图 2.1-17 所示为塑料注射模和冷冲裁模常采用的导向结构。

塑料注射模的推板采用导柱导向，如图 2.1-17（a）所示，可以避免由于顶出系统的顶杆受力不均衡、弯曲变形而造成的塑料表面划伤、推杆磨损，以及顶杆卡死或折断等现象。因此，具有细小推杆推出系统的注射模，都采用可靠的四导柱导向机构。

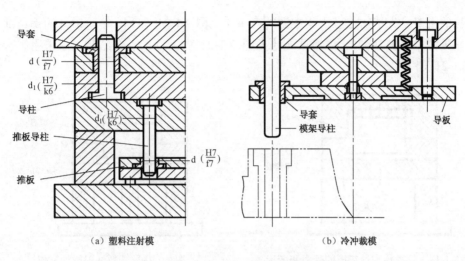

（a）塑料注射模　　　　　　　　　　（b）冷冲裁模

图 2.1-17　塑料注射模和冷冲裁模常用导向结构

（2）凸模刚度设计

由于冷冲裁模凸模在工作时承受较大的压力，特别是细长凸模对偏斜载荷或附加弯曲载荷的承受能力差，一旦偏斜或遇到在条料末端冲半孔的情况，便会产生弯曲变形，造成与凹模相卡、相啃或折断。为了保证凸模刚度，在结构设计时应注意以下几点。

①合理设计凸模的截面形状和尺寸，尽量减小其长径比，使之具有足够的强度、刚度和抗压稳定性。

②适当加大凸模柄部的承载面积和固定长度，例如，使固定长度由占总长度的 1/5～1/4 增加到 1/3～1/2，以提高其刚度。

③加大凸模垫板厚度或采用多层淬硬垫板，避免由于垫板面积小、厚度薄或硬度不足而出现变形、凹坑等损伤，以致使凸模产生附加弯曲应力。

④对细长凸模可设置导向板等辅助支撑。导向板的位置应尽量减小凸模悬臂部分的长度，且使凸模始终不脱离导向板，同时应保证导向精度。

（3）塑料模的刚度结构

进行塑料注射模结构设计时，可以采用高精度的导向或支撑结构来保证模具的刚度。图 2.1-18 所示为注射模支撑垫板承受注射压力的变形情况。支撑垫板的弹性变形量若超过了模具精度的允许值就会造成模具失效。实际设计中，小型模具可通过增加垫板厚度来提高刚度，大型模具可以采用加支撑的方法，如图 2.1-19 所示。

支撑的结构形式有支撑板和支撑柱两种。加支撑板要考虑注射机推出机构的位置，加支撑柱时，应根据垫板长和宽的比值来确定采用支撑柱的个数。

另一种提高刚度的方法是在凹模的斜面锁紧加强。这种方法是在定模板和动模板四周作出斜面配合，利用定模板和动模板的刚性以加强对凹模壁的约束（见图 2.1-20），从而起到减小凹模壁变形的作用。

塑料注射模的顶杆是脱模机构中最简单最常见的一种形式。顶杆结构细而长，最小直径可达 0.8～1mm。由于顶杆刚性较差，顶出面积又比较小，受力后容易产生弯曲或引起应力集中而顶穿塑件或使塑件变形。因此在设计中，为了避免细长杆变形，常采用阶梯形顶杆来提高顶杆的刚度。为了防止应力集中源的产生 [见图 2.1-21（a）]，台阶顶杆的拐角部位可采用圆角 [见图 2.1-21（c）]、过渡截面 [见图 2.1-21（b）、（d）] 等结构，或采用组合式结构 [见图 2.1-21（e）]。

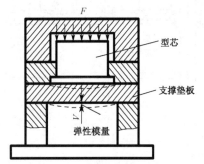

图 2.1-18　注射模支撑垫板的受力和变形

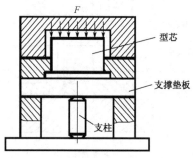

图 2.1-19　塑料注射模加支撑

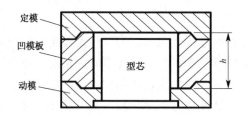

图 2.1-20　用斜面加强凹模

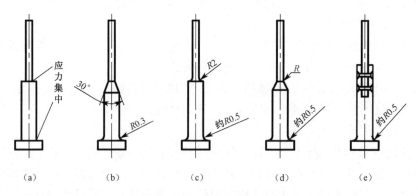

图 2.1-21　顶杆的结构形式

4. 模具的工作载荷

冷挤压模和冷镦模等在工作中承受较重的静载荷或冲击载荷，这些模具的结构设计除了保证结构刚度外，还应特别注意采用减轻工作载荷和减少应力集中的结构，使模具各部分受力尽量均匀，避免局部应力过大而发生早期失效。

模具的工作载荷对模具寿命有决定性的影响。图 2.1-22 所示为正挤压 35 钢工件时，冲头单位面积的压力和冲头寿命的关系曲线。由图可知，随着变形量 ε_F 和冲头单位压力的减小，冲头的寿命明显提高。如冲头单位压力由 1500MPa 减小至 1000MPa 时，冲头寿命可提高 1

倍以上。

为了使模具的工作载荷尽可能减轻，在模具设计中，应根据合理的成形工艺来确定成形模具的结构，因为不同的压力加工工艺直接影响模具的工作载荷。例如，利用反挤压模成形［见图 2.1-23（a）］的工件，模具的工作载荷较大。在情况允许时，将工件改为图 2.1-23（b）所示的形状，则可以采用复合挤压工艺。利用复合挤压模具来成形工件，可使模具的工作载荷得到减轻，寿命相应得到提高。

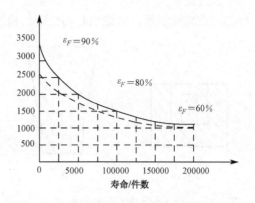

图 2.1-22 冲头单位压力与其寿命的关系曲线

根据挤压量随变形量的变化规律，合理采用变形量及相应的预成形工艺，可减轻每套模具的工作载荷。例如，图 2.1-24（a）所示的工件，若采用一次挤压成形，不仅模具的载荷很大，而且也难以满足工件形状和尺寸的要求。如果先挤压成图 2.1-24（b）所示的形状，再挤压成形，则不仅能最大限度地满足工件设计要求，而且使模具载荷大为减轻。

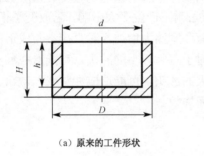
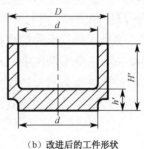

（a）原来的工件形状　　　　（b）改进后的工件形状

图 2.1-23 改变工件形状和冷挤压工艺

为了减轻载荷，还应注意其他工艺环节。例如，选用被挤压材料的变形抗力应尽可能低，所含杂质尽可能少；坯料的切割加工应保证端面平整、不带斜度，以免造成凸模偏载；坯料直径应比凹模孔径小 0.15～0.20mm，以防止挤压力急剧上升时使凹模胀裂；但间隙也不能过大（如反挤压时不应大于 0.20mm），以保证同轴度，避免凸模偏载。

还有一些模具的特殊结构对防止模具过载至关重要。如定行程锻压设备所使用的封闭式挤压模，必须设计出足够的飞边空间，以免余料过载引起模具损坏。例如，在封闭的冷镦模或冷挤压模的适当部位开设排气孔，以使挤压在模具和坯料之间的空气顺利排出。否则，挤压的高压气体不仅影响坯料充型，还易使模具过载失效。图 2.1-25（a）所示为用冷挤压成形的梭芯零件，在冷挤压凹模的相应部位应设计排气孔［见图 2.1-25（b）］。

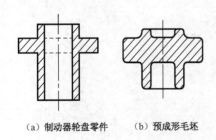

（a）制动器轮盘零件　　（b）预成形毛坯

图 2.1-24 预成形毛坯

对于承受较大冲击载荷的模具应设计足够大的承压面，以利吸收多余的冲击能，减小模具单位面积的冲击力，防止发生早期断裂。对塑料压制模要设置足够大的承压环，以防止型腔、型芯过早变形或开裂。另外，对图 2.1-26 所示的细型芯侧进料注射模，将细型芯由悬臂结构改为两端支撑结构，可有效地防止侧向弯曲过载。

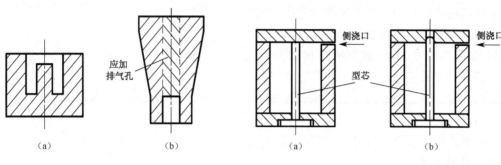

　（a）　　　　　（b）　　　　　　　　　　（a）　　　　　（b）

图 2.1-25　顶杆的结构形式　　　　　图 2.1-26　细型芯侧进料注射模改进结构

5. 模具基础件

模具基础件是机械载荷的最终承受者，如冷冲模上、下模架，凸、凹模固定板；型腔模上、下模及其固定板等。要根据实际工作载荷的大小，保证其足够的强度和刚度。如果模具在使用过程中，基础件一旦发生变形，尤其是中、大型模具，将对有精确配合运动要求的零部件（如冲裁模中的凸模和凹模、导柱和导套等）产生极大影响，它改变了模具的初始精度，形成配合间隙不均、偏载，模具承受的载荷和摩擦力增加。对直接参与成形的工作零件，侧面和（或）端面磨损加剧。变形严重者，对于直径较小的冲头，可能造成冲头折断、崩刃、掉块，凹模刃口塌陷、掉块等；对直径较大的冲头，可能造成冲头变形镦粗、刃口崩刃等，凹模刃口塌陷、断裂等，使模具无法修复而失效。

知识链接

①冲压模具结构图，如图 2.1-27～图 2.1-29 所示。

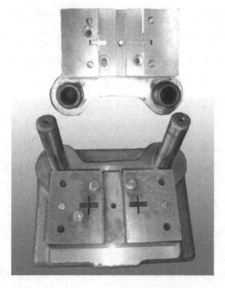

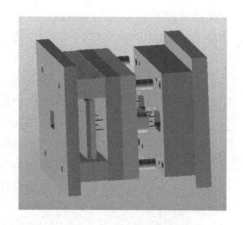

图 2.1-27　塑料模具结构图片　　　　　图 2.1-28　单分型面注射模

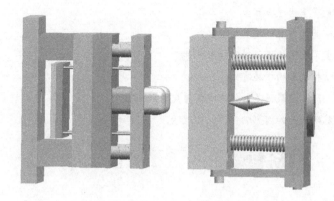

图 2.1-29　双分型面注射模

②压铸模具结构图，如图 2.1-30、2.1-31 所示。

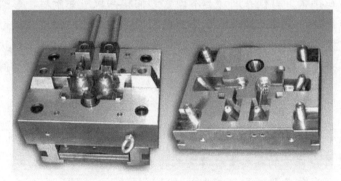

图 2.1-30　压铸模一

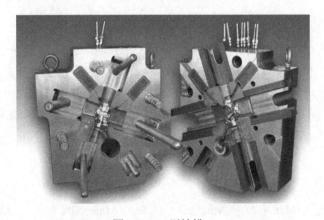

图 2.1-31　压铸模二

 思考题与练习

1. 影响模具失效的几何形状因素主要包括哪些？

2. 试举例论述模具圆角半径是如何影响模具失效的。

3. 为什么模具结构多采用组合式？

4. 模具的工作间隙是怎样影响模具失效的？

5. 为保证凸模刚度，在结构设计时应注意哪些？

6. 提高塑料模具结构刚度的措施有哪些？

7. 试举例论述模具的工作载荷是如何影响模具失效的。

8. 试论述模具的基础件是如何影响模具的失效的。

任务二　模具工作条件的影响

任务描述

经分析查证，在排除了因模具设计基本因素影响模具使用寿命后，影响模具失效的基本因素主要是其工作条件。模具正常工作状态应包括成形加工件的材质及成形温度区间、成形设备的工作特性、模具的正确使用和日常维护保养等方面的内容。由工作状态形成的特定工作条件是否妥当，将会对模具的使用寿命产生怎样的影响，其一般规律如何，正是本任务的主题。

学习目标

1. 熟悉模具工作条件中的各要素对其失效的影响形式。

2. 掌握模具工作条件各要素影响其失效的对策措施。

任务分析

影响模具工作有效期质量的分析思路应从人、机、料、法、环境等"4M1E"五个主要因素切入进行分析。使用模具的人，对模具的正确使用方法和维护要领是否到位；模具使用的成形设备特性是否满足工艺要求；工艺要求的成形材质及成形温度是否达标都有可能对模具的失效产生直接的影响。经分析逐一排查验证后，必将最终确定影响模具工作的基本要因，则可采取行之有效的措施加以解决。

基本概念

"4M1E"：4M 是指 Man（人），Machine（机器），Material（材料），Method（方法）；1E 是指 Environments（环境），故合称 4M1E，即人们常说的人、机、料、法、环五要素。

任务完成

模具的工作条件包括被加工坯料的状况，加工设备的特性及工作条件，模具工作中的润滑、冷却及使用维护状况等，这些因素对模具的寿命和失效都会造成影响。

一、成形件坯料状况和成形温度的影响

1. 成形件坯料状况的影响

成形件的材质可以分为金属材料和非金属材料，根据材料的状态又可以分为固体材料和液体材料。不同性质、不同状态的材料对模具寿命的影响程度不同。

（1）成形非金属、液体材料

这类材料强度低，所需的成形力小，模具受力小，使用的寿命长。因此，金属件的成形模比非金属件的成形模寿命低。固体材料的成形模比液体材料的成形模寿命低。

（2）成形金属、固体材料

金属件强度越高，需要的变形力越大，则模具所承受的力也越大，模具的使用寿命越短。因此，铝、铜等有色金属件的成形模具比黑色金属件的成形模具寿命高。

（3）成形件材料与模具材料的亲和力

在成形过程中成形件材料与模具材料的亲和力越大，越容易与模具产生黏着磨损，模具的寿命越低。

（4）坯料的厚度、性能及表面状态

在实际生产中，由于被成形材料的厚度公差不符合要求、材料性能的波动、表面质量差和不干净等都有可能造成模具工作零件磨损加剧、崩刃的情况发生。

坯料的表面状态对模具受力、磨损也有较大的影响。冲制表面光亮、性能均匀的钢板时，冲头受力均匀，模具寿命较高；而冲制表面粗糙的相同厚度热轧钢板时，模具寿命较低。例如，T10A 钢制冷冲模具，当冲裁表面光亮的薄钢板时，每次刃磨寿命为 3 万次；而当冲裁等厚度的热轧钢板时（表面有氧化黑皮），每次刃磨寿命降至 1.7 万次。又如，Cr12MoV 钢制冷冲模冲裁经酸洗的电机硅钢片，平均刃磨寿命可达 12 万次，而冲裁具有绝缘层的硅钢片时，寿命降至 3 万次以下。其他如半热轧酸洗钢板表面存在"硬壳"，深冲钢板表面存在脱碳层等，也对模具失效有影响。当成形件表面存在较薄的氧化层或磷化膜时，对模具的工作最为有利。

2. 成形温度的影响

成形温度对材料强度有影响，同时也影响模具与成形件接触面的情况。在成形高温工件时，模具因受热而升温，随着温度的升高，模具的屈服强度下降，易产生塑性变形。图 2.2-1所示为 5CrNiMo 钢力学性能与温度的关系。同时，模具和成形件接触的表面与非接触表面温差很大，在模具中造成了温度应力。另外，在成形过程中，成形件与模具间断的接触，可造成连续不断的热冲击，易萌生裂纹，造成疲劳磨损及断裂。

在高温下，模具与工件表面原子的活性增加，易相互黏结，使发生黏着磨损的可能性增加，也加快了氧化磨损的过程。因此，坯料温度越高，模具材料强度下降越厉害，温度应力及热冲击越大，模具寿命越低。

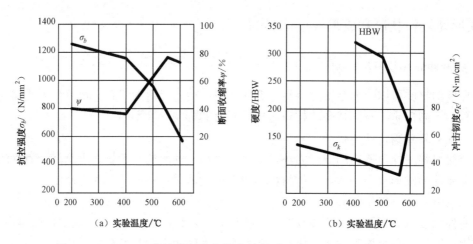

图 2.2-1　5CrNiMo 钢力学性能与温度的关系（850℃淬火，550℃回火）

二、成形设备的工作特性的影响

1. 设备的精度与刚度的影响

模具的成形力是由设备提供的，在成形过程中，设备滑块部位相对导轨作运动，同时，设备因受力将产生弹性变形。

滑块运动的导向精度越高，模具上、下模或动、定模定位精度越高，越不易产生附加的横向载荷和力矩，越使模具磨损均匀，则模具的寿命越高。一般来讲，注塑机、机械压力机、模锻锤的导向精度逐次下降，其相应的模具寿命也逐次下降。

设备的刚度越大，在成形过程中产生的弹性变形越小，模具上、下模或动、定模可较好地保证正确的配合状态。

在曲柄压力机设备中，开式压力机由于是 C 形框架，在成形力的作用下易产生变形，所以容易造成上、下模的中心线不重合，发生倾斜，使模具的工作间隙发生变化，加速模具的不均匀磨损，模具寿命低。闭式压力机结构是封闭框架，设备的弹性变形是对称的，模具的合模精度高，因此模具寿命比开式的高。

成形过程中，设备产生的弹性变形在成形结束的瞬时会释放，从而造成上、下模瞬时抖动。设备刚度越差，弹性变形越大，这种抖动越大，越将加速模具不均匀的磨损。为了克服设备弹性变形对模具工作精度的影响，精密冲裁时，冲裁力应小于设备吨位的 50%，普通冲裁时，冲裁力不应超过设备吨位的 80%。

当冲裁力较大或进行精密冲裁或使用硬质合金模具时，最好选用高刚度、高精度的闭式压力机。如果要在开式压力机上加工，则压力机的公称压力应比实际需要的冲裁力大 1 倍以上。为了提高开式压力机机架的刚性，可以在其开口处安装两根大拉杆对其加固（见图 2.2-2）。

2. 设备速度

设备对模具及工件施加的力是在一段时间内逐渐增加的，设备速度影响施力过程。设备速度越快，模具在单位时间内受到的冲击力越大，设备施力时间越短，冲击能量来不及传递和释放，易集中在局部，造成局部应力超过模具材料的屈服应力或断裂强度，因此，设备速度越高，模具越易发生断裂或塑性变形失效。

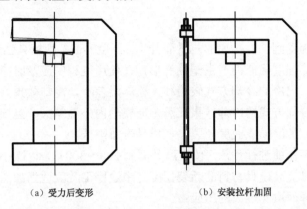

（a）受力后变形　　　　　　（b）安装拉杆加固

图 2.2-2　加强开式压力机刚性的措施

在模具所采用的设备中有液压机、曲柄压力机、螺旋压力机、锤、高速锤，它们的速度依次变高，在其他工艺条件相同的情况下，这些设备上所用的模具寿命也依次下降。

对于热作模具，其失效形式受热锻压设备的加载速度、冲压频率和冲压能量的影响。如模锻锤、高速锤的加载速度高，模具承受的冲击力大，且与热坯料接触时间短，热负荷较低，在机械载荷的作用下容易使模具薄弱处或应力集中处产生开裂；曲柄压力机、水压机加载速度较低，模具承受的冲击力小而热负荷较大，容易产生表面软化、塑变、冷热疲劳和热应力开裂。当压力机的能量不足时，会导致模具与热坯料接触时间较长、温度高，其失效倾向与加载速度较低时相似。

设备的冲压频率高，使模具的平均温度高而温度变化幅度小，容易导致模具因热强度不足而产生塑性变形失效；当冲压频率低时，模具的热振幅大而平均温度低，容易导致模具的冷热疲劳失效。

三、模具的使用与维护的影响

模具的寿命与是否对其进行了正确的操作、使用和维护有很大的影响。模具使用时应严格遵守操作规范，例如，对模具要进行正确的安装和调整，保证其良好的导向和刚性；应定时检查，及时排除故障，并注意润滑及冷却；注意定期维护保养等。

1. 模具的润滑

润滑的主要作用是减小摩擦面之间的摩擦阻力和金属表面之间的磨损，还有冲洗摩擦面间固体杂质和冷却摩擦表面的作用。

对模具与成形件相对运动的表面进行润滑，由于减少了模具与工件的直接接触，因此减小了模具的磨损，使得成形力降低。润滑剂还能在一定程度上阻碍坯料向模具传热，降低模具温度，这对提高模具寿命都是有利的，例如，在拉深过程中润滑毛坯与凹模接触面，模锻时润滑模膛，都有利于工艺的顺利进行和模具寿命的提高。另外，采用不同的润滑剂和方式进行润滑的效果是不同的，例如，不锈钢表壳挤光模采用机油润滑，寿命只有 80 件，用二硫化钼加油剂，寿命可达 1 万件。因此正确的润滑对保持模具精度、延长使用寿命起到关键作用。

2. 模具的冷却

热成形模具会因受到工件传递的热量而升温。温度升高，则模具强度下降。为减少热量，避免模具温度过高、强度降低而产生塑性变形，在使用过程中应及时冷却模具。冷却方式分为内冷及外冷两种：内冷的冷却方式较缓和，模具温差小，冷却效果好，模具寿命高，但模具结构复杂，外部冷却方式的冷却效果显著，但模具内外温差大，且模具表面经受较大的急热急冷，容易产生疲劳磨损或疲劳断裂，使模具寿命降低。

热作模具应在工作前进行预热，使模温升高到 200～300℃，以减小模具开始工作时表面和心部的温差，同时提高模具材料的断裂韧度。中途停工时应适当加热进行保温，防止模具表面温度大幅度下降而引起过大的压应力。

冷、热模具工作一段时间后，会积累较大的内应力（包括残留的机械应力、热应力和组织变化产生的应力），因而应将模具卸下进行适当的去应力退火。例如，冷作模具可放在油中加热至 150℃左右保温 1～2h，消除应力，以提高模具的疲劳寿命。

3. 模具的使用、维护与管理

（1）模具的使用

模具在使用过程中会产生磨损，有时会因操作不当造成模具不正常损坏。因此，在工作时应注意以下几方面问题。

1）开机前应注意的问题

对设备和工作场地进行检查和整理，检查模腔或模孔内是否干净，模具紧固情况和在设备上的固定情况及模具和设备运动部位的润滑情况等，检查坯料和制件储放箱摆放的位置是否合适。

2）开机时应注意的问题

应检查设备的开合模运动是否正常，首件成形件必须经过检查确认合格后再继续操作。在模具工作过程中，还应随时进行抽检，以便及时发现问题且及时维修。

3）工作完成后应注意的问题

首先关闭电源开关；然后将设备的各工作部位停在安全的位置；最后要擦净设备和模具，在模具工作部位涂上机油等。

（2）模具的维护

在模具整个工作过程中，应始终关注模具是否出现不正常损坏的迹象。例如，塑料模镶嵌件未放稳就合模会造成模具局部型腔损坏；模具较细的型芯或冲头因受侧向力或脱模时困难而强制敲击会产生弯曲变形；模具使用一段时间后，出现塑料模分型面处溢料太厚、型腔表面出现损伤、冲压件剪裂带增宽、塌角和毛刺增大等影响制件质量的现象时，模具就该维护了。

1）现场维护

模具安装在相应设备上工作之前、工作之后和工作间隙停顿时的维护称为现场维护。现场维护对热作模具尤为重要。

①预热。

热作模具成形的毛坯温度高，在用室温下的模具成形高温毛坯时，由于巨大的温差会使模具与毛坯接触的表面温度急剧上升，带来很大的热应力，易直接造成模具开裂。为了降低热作模具使用时的热冲击，在模具使用前应进行预热。同时，模具钢断裂韧度随着温度的升高而上升，为了提高模具工作时的断裂韧度，也应进行预热。

预热是压铸模、热锻模服役中现场维护必不可少的内容。例如，压铸 T8 钢肋骨的经渗铝的 3Cr2W8V 压铸模，使用前不预热，产生大量裂纹，模具寿命为 509 件；在使用四根 0.7kW 的电热管，将模具预热至 300℃，并在模腔上喷涂经加热的石墨水剂，使模具温度一直保持在 260～300℃时，模具寿命为 1190 件。但是，当模具表面温度超过 500～550℃后，强度大为下降，如果模具预热温度过高，会造成模具服役中的温度过高，易产生塑性变形。因此，热作模的预热温度以 250～300℃为宜。

②间歇工作时的保温。

模具使用过程中间停机时，模具温度会下降。模具服役一段时间后，由于热胀冷缩，以及表面受热继续发生组织转变，将在模具内积累较大内应力。停工时，如不保温，模具会经受一次较大的冷冲击，开工时又经受一次较大的热冲击。这样急冷急热带来的热应力与内应力叠加，易在模具内萌生裂纹并引起开裂。因此，停工时，必须对模具进行保温，减小模具经受的热冲击。保温也以模具温度在 250～300℃为宜，保温方式可用预热模具同样的方式进行。

③停工时的缓冷。

模具服役后，隔天再用或为了维修拆下前，不能让模具直接冷到室温，必须缓冷，使模具的温度缓慢下降，减小冷冲击。

2）非现场维护

模具从设备上拆下来的维修称为非现场维护。

①去应力退火。

热作模具服役一定时间后，会存在较大的内应力。过大的内应力与工作载荷带来的应力相叠加很易达到破坏应力，造成模具的塑性变形与断裂。为了降低模具中的内应力引起的失效概率，当模具使用一段时间后，将模具卸下，进行去应力退火，降低模具中的内应力。

中间去应力退火比模具退火温度低 30～50℃，去应力退火的间隔时间及次数与成形件材料重量及模具材料有关。对于铝合金零件压铸模在预计模具寿命的 30%和 60%进行两次去应力退火，可提高模具的 50%寿命。

②超前修模。

模具服役一段时间（仍能正常服役）后，为了提高模具总寿命，把模具拆卸下来修理称为超前修模。

模具服役一段时间后，不同程度地出现了小塑性变形、微裂纹及不均匀磨损。一旦这些现象出现，模具的失效过程就会加快。如塑性变形出现后，会使载荷更集中于另一局部，加速某一部分的塑性变形；微裂纹出现后，在工作应力的作用下，会迅速扩展到临界值，很快造成断裂。因此，提前消除隐患，有利于提高模具总寿命。

（3）模具的管理

模具的管理广义上讲，是指模具在制造和使用等过程中要严格按规程要求进行，生产中则指模具在安装、调试、拆卸、运行保管时要遵守规则，避免因人为的疏忽而带来模具的损伤。通常失效模具中有 7%左右是由于使用错误造成的。模具的管理对模具种类和数量较多的大型汽车厂尤为重要。

知识链接

①冲压车间及注塑车间生产场境，如图 2.2-3、2.2-4 所示。

图 2.2-3　冲压车间及冲压设备

图 2.2-4　注塑车间及注塑设备

②模具车间管理制度。

模具企业车间管理制度

一、模具入库制度

①模具入库必须具备模具合格证书、试模合格证、模具图纸和合格样件。模具应打有产品编号、指令号标记。模具按产品号成套上架，通用模具按模具通用号码上架。

②模具要符合大生产的要求。定位可靠，操作方便安全，送料正常，试模人员开具试模合格卡。模具检验人员凭试模合格卡开始检验工作。试模合格卡和其他合格证一并存档备查。

③模具供应商应提供总装图和型腔模具图纸。模具检验员按产品图纸和模具图纸进行检验，合格后开具模具合格证入库。模具图纸、合格证存档，以备修理、补充模具使用。

④项目负责人对模具检验情况给予确认并签字。对产品超差部分是否通过使用，项目负责人和质检部负责人进行会签，同意使用，才定为模具合格。

⑤建立模具使用档案卡。内容为领用时间、退库时间、生产指令号、批次、数量、模具使用情况说明，上架后和样件一并挂在模具上。

二、模具领用制度

①模具领用应由生产调度人员到模具库登记领取。登记内容为生产指令、产品编号、模具名称、领用时间、领用人签字。

②模具合格证、图纸、试模合格证及使用档案等由库房的管理人员保存。

③模具退库前生产调度人员检查模具的使用情况及生产记录，应对模具的完好负责。发现需要修理的模具，提出修理申请，报维修人员进行修理。

④生产过程中发现模具需要修理的，由调度员报维修人员修理。模具修理完成，试模合格后方能生产。

三、模具退栈检验制度

模具退栈检验制度可确保从模具库领出的模具都是能正常生产出合格产品的模具。

①在生产线中使用过的模具必须经过检验合格后才能入库。

检验程序：

● 生产线最后一个零件送检，合格后作为样品随合格证入库。

● 模具检验人员检查模具刃口是否锋利、导向件是否润滑、定位是否可靠、弹顶是否有力，需要维护保养的进行维护保养。试模合格后挂合格证书和样品入库。

● 不需要维护保养的也要挂合格证书和样品入库。

②调度员根椐生产需要和模具磨损情况提出备份模具的要求。报主管部门和项目负责人，保证生产的正常进行。

四、模具库管理人员的职责和权利

①模具应按生产指令 1#、2#、3#等依次上架。退库的模具应放在原来的位置。

②保管员应对模具的账、卡、物相平衡负责。总账、模具合格证、试模卡、样件、生产档案负责保管好，对库存、领用等模具应了如指掌。督促模具保管人员及时把试模好的模具入库。

③保管员应做到根椐生产指令号迅速找到该领用的模具。

④保管员应对入库、领用、退库模具的完好负责。不得出现混乱、遗失、损坏的现象，应严格按模具的管理制度执行，确保从库房领出的模具是能适应大生产的合格模具。

⑤保管员有权对不履行规定的人员拒绝办理入库和领用手续。

⑥保管员要积极主动配合车间生产，及时和调度员沟通，了解生产任务情况，做好为一

线服务的工作。

五、模具现场使用的管理

①调度员领用和退库模具，应按相应的管理制度办理相关手续，应对模具从领用到退库的全过程负责。

②模具应按冲压工艺安排相应吨位的冲床加工零件。模具应由模具调整工调整和安装模具，并保证漏料通畅、弹顶正常、送料方便、冲程合理，试出合格样件后，才能开始生产。

③冲压工在工作中严格按操作规程执行。生产过程中发现异常现象应及时汇报，排除故障后再进行生产。凡野蛮操作造成模具损坏的，责任人应填写模具事故责任单，给予一定的处罚。

④发生模具废料断裂、导板导向件变形、压弯模闷车造成模具和冲床损坏的情况要追查调整工的责任。

⑤白、夜班交班应交清模具的使用情况。交接后发生的责任事故应由接班人负责。

⑥生产任务完成后及时通知调度员办理退库手续。生产现场不应保存没有生产指令或完成本批次任务的模具。发生模具遗失将追查最后领用人的责任。

模具厂冲压模具使用维护与管理规程

冲压模具是汽车车身生产中不可缺少的特殊工装，模具的合理使用、维护、保养与管理对延长模具使用寿命、降低冲压件成本、提高制件质量、改善模具的技术状态至关重要，是保证冲压正常生产的一项重要工作。

1. 模具的使用

模具的使用见《冲压工艺操作规程》。

2. 模具的使用、维护、保养管理

模具的使用、维护、保养管理内容包括以下几个方面。

①模具技术状态定期鉴定。

②模具修理。

③模具的保养。

④模具技术文件管理。

⑤模具的入库与发放。

⑥模具的保管。

⑦模具的报废处理。

⑧模具易损件的制备与管理。

3. 模具技术状态鉴定

模具在使用过程中，由于模具零件的自然磨损、模具制造工艺不合理、模具在机床上安装或使用不当及设备发生故障等原因,都会使模具的主要零部件失去原有的使用性能和精度。致使模具技术状态日趋恶化,影响生产的正常进行和效率及制品的质量。所以,在模具管理

上，必须要主动地掌握模具的这些技术状态变化，并给予认真处理，使模具能始终保持良好的技术状态工作。

通过模具技术状态鉴定结果，连同制品的生产数量、质量的缺陷内容、模具的磨损程度、模具损坏的原因等可制定出模具修理方案及维护方法，这对延长模具的使用寿命、降低生产成本，以及提高模具质量及技术制造水平都是十分必要的。

技术状态鉴定包括模具的工作性能检查、制件质量的检查。要求每冲压一次，检查一次，状态鉴定由模具维修人员实施，检验员和工艺员（包括车间工艺员）负责确认。鉴定后填写《模具日常检查、保养记录卡》，并负责将存在问题项及时反馈给工艺科。

4. 模具的工作性能检查

在模具使用前、使用过程中和使用后，要对模具的性能及工作状态进行详细的检查，检查内容及检查方法如下所述。

（1）模具工作成形零件的检查

在模具工作前、工作中和工作后，结合制件的质量情况，对其凸、凹模进行检查，即凸、凹模是否有裂纹、损坏及严重磨损，凸、凹模间隙是否均匀及其大小是否合适，刃口是否锋利等。

（2）导向装置的检查

检查导向装置的导柱、导套、导板是否有严重磨损，其配合间隙是否过大，安装在模板上是否松动。

（3）卸料装置的检查

检查模具的推件及卸料装置动作是否灵敏可靠，顶件杆有没有弯曲、折断，卸料用的橡胶及弹簧弹力大小，工作起来是否平稳，有无严重磨损及变形。

（4）定位装置的检查

检查定位装置是否可靠，定位销及定位板有无松动情况及严重磨损。

（5）安全防护装置的检查

检查安全防护装置使用的可靠性，是否动作灵敏、安全。

（6）检查气动元件状态的工作状态

5. 制件质量的检查

（1）制件质量检查的内容

制件形状及表面质量有无明显缺陷和不足，制件各部位精度和样件相比有无明显降低、是否符合工艺要求，具体检查项目见《作业指导书》。

（2）鉴定方法

①制件的首件检查。制件的首件检查应在模具在压力机上完成安装及调整后试冲时进行，即将首次冲压出的几个制件，进行详细检查，检查其形状、尺寸精度，并与前一次末件和样件作比较，以确定模具的安装及使用是否正确。

②模具使用中的检查。模具在使用过程中，应随时对制件进行质量检查（具体检查频次见《作业指导书》），及时掌握了解模具在使用中的工作状态。其主要检查方法是测量尺寸、

孔位、形状精度，观察毛刺状况。通过检查，随时掌握模具的磨损和使用性能状况。

③末件检查。在模具使用完毕后，应将最后几个制件做详细检查，确定质量状况。检查时，应根据工序性质，如冲裁件主要检查外形尺寸、孔位变化及毛刺变化情况；拉深件主要检查拉深形状、表面质量及尺寸变化状况；弯曲件主要检查弯曲圆角、形状位置变化状况。通过末件质量检查状况，以及所冲件的数量来判断模具的磨损状况或模具有无修理的必要，以防在下一次使用时引起事故或中断生产。

6. 模具修理

模具修理包括压件过程中的随机维护性修理和计划主动维修。

（1）随机维护性修理

模具在使用过程中，总会出现一些故障或发生一些影响生产继续进行的质量问题。有些问题不必将模具从压力机上卸下，可直接在压力机上进行维护性修理，以使其能恢复正常工作，保证生产的正常进行。随机维护性修理由模具维修人员实施，工艺员（包括车间工艺员）指导确认，修复后将维修部位内容填写在《模具维修改造记录卡》上。

1）模具随机维护修理内容

①利用储备的模具易损件，更换模具在工作过程中已被破损的零件。

②利用油石或其他工具刃磨被磨损的凸、凹模刃口，使其变得锋利；刃口磨损较大的部位临时焊补修磨等。

③对拉深模、成形模等进行工作零件的临时抛光及对磨损的压料面的修复，以消除因经常使用而被磨损表面质量降低的影响。

④紧固松动了的固定螺钉及模具其他零件。

⑤更换卸料弹簧及橡胶垫等。

⑥调整模具因磨损而变大了的凸、凹模间隙及定位装置。

⑦更换被损坏了的顶杆及顶料杆等。

⑧更换模具其他易损的辅助零件。

2）计划维修、改造

①工艺科根据上批冲压件质量、模具鉴定状态、工序反馈情况、UPAS 评审及新产品工艺改进状况，每月制定《模具维修/改造计划及内容》，下发《模具维修/改造通知单》，模具维修人员依据《模具维修/改造通知单》或工艺员口头方案对模具进行改动和主动维修。维修改造完经试模合格后填写《模具维修/改造记录卡》，车间、检验及工艺科进行共同确认。

②每批冲压件后操作者根据模具使用状况、冲件质量提出维修要求，填写《模具报修单》，经工艺人员确认后交模具维修组。检验员在"三检"过程中，根据冲压件质量下降情况，提出模具维修要求，工艺人员批准，并制定维修方案，对模具进行早期维修。维修在模具使用完毕后，由模修人员完成，维修完成经试模合格后填写《模具维修/改造记录卡》。

③模具维修结束后，如对模具状态无确实把握，需提前试模的，模具维修人员应向车间申请试模，试模由车间安排。

④职责。

● 模具正式投入使用后出现问题或损坏、失效，由冲压车间及工艺科负责组织维修，并填写《模具维修/改造记录卡》；本厂无能力维修的，由车间或各职能部门上报工艺科列入《工装、模具及备件需求计划》，工艺科制定维修方案，下发《模具维修/改造通知单》，制造部负责维修备件的采购、制备和外协维修。

● 车间对模具进行立项改进的，其模具改造方案由车间制定。涉及模具关键/主要尺寸变更时，报工艺科确认后实施。

● 一般改进项目由车间上报列入《工装/模具备件需求计划》审批后由工艺科提出改造/改进方案，下发《模具维修/改造通知单》，由制造部安排制造或维修，实施经试模合格，工艺人员确认后填写《模具维修/改造记录卡》。

● 对于重大改造项目，工艺科提出改造方案报告，经主管副总批准后，由制造部组织实施。

● 模具的改进涉及产品设计更改时，由工艺科提出设计更改申请，报技术中心评审确认后进行相关产品设计文件的更改。

7. 模具的保养

模具的维护和保养工作，应贯穿在模具的使用、修理、维护和保管工作各个环节中，模具的保养包括日常保养、定期保养和伴随模具的计划维修而进行的保养。

（1）日常保养

模具日常保养由操作工实施，模具维修人员确认，保养周期为1次/批，压件完后对实施状况、首末件质量及过程压件状况、维修情况，维修部在《冲压生产记录表》中做相关记录，以作为模具状态鉴定及是否需要维修的依据。日常保养包括以下几个方面。

1）模具使用前的检查

①模具在使用前，要对照工艺文件检查所使用的模具是否正确，是否和工艺文件一致。

②操作者应了解模具基本的使用性能、结构特点及作用原理，并熟悉《冲压工艺操作规程》。

③检查所使用模具的标示牌是否完好，使用的冲压材料是否符合工艺要求，防止由于原材料质量不合格，损坏模具；检查上、下模板及工作台面是否清理干净。

④检查所使用的设备是否合理，如压力机的行程、压力机吨位、漏料孔大小是否与所使用的模具配套。

⑤检查模具在压力机上的安装是否正确，上、下模压板螺栓是否紧固。

2）模具使用过程中的检查

①模具在调整开机前，一定要检查模具内外有无异物，所冲的毛坯、板料是否干净、清洁。

②操作现场一定要整洁，工件摆放整齐。

③模具在试冲后的首件按样件检查，合格后再正常开机批量生产，严禁模具"带病"工作。

④模具在使用中，要遵守操作规则，禁止乱放、磕碰，应及时清理废料。

⑤在工作中，要随时检查模具工作状态，发现异常现象要立即停机，通知维修人员或工艺员针对问题进行维修。

⑥要定时对模具的工作零件表面及活动配合面进行表面润滑（导柱、导套、刃口加机油；导板、斜楔机构加锂基脂）。

3）模具使用后的检查

①模具使用后，要按操作规程正确的将模具从压力机上卸下，绝对不能乱拆、乱卸，以免使模具损坏。

②拆卸后的模具，要擦拭干净，并涂油防锈。

③模具的吊运应稳妥、慢起、慢放。

④选择在模具要停止使用后的末件进行全面检查。

⑤模具使用后的技术状态检查及保养，检查内容见④和⑤（具体有清理上、下模板的安装面，擦拭模腔型面，清除废料，在导滑和工作表面涂油，检查模腔型面是否损坏、导柱导套是否松动，检查压料、退料机构及刃口是否完好，检查压件定位是否准确可靠，检查可见紧固件是否松动，对松动部件紧固，检查可见部件是否有新发现的裂纹等）。

⑥检查完后将技术状态及压件数量情况填写在《冲压件生产记录表》上，状态合格的要及时完整地送入指定地点存放，不合格的送模具维修区。

（2）定期保养

模具要定期根据技术状态情况进行检修保养，以保持模具精度和工作性能处于良好状态。模具保养周期根据易损程度，分为A、B、C、D四类。A类为磨损快、压件后废料不易清理的模具，主要为切边、冲孔模，三个月保养一次；B类为磨损快、废料易清理的模具，主要为切边、冲孔模，半年保养一次；C类为一般磨损，主要为翻边模、整形模、包合模，8个月保养一次；D类为磨损较慢的模具，主要为拉伸模、成形模，一年保养一次。以此原则，根据现场实际使用情况，年初由工艺科根据上一年度模具使用状况，制定全年的《模具保养计划》，每月由工艺科根据具体的生产情况制定当月的《模具保养计划》。模具维修人员根据每月的《模具保养计划》，对模具进行全面、彻底的检修保养，保养完成后填写《模具定期保养记录卡》，并反馈给工艺科。定期保养内容有以下几个方面。

①检查上一批末件形状及表面质量有无明显缺陷，和库存样件相比各部位尺寸精度有无降低。

②清理模具型腔、模具表面的油污、废料，清洁完后型腔喷防锈油，表面漆层刷新。

③清洗导柱、导套、导板、斜楔机构、压边圈、导轨上的油污，重新加注新鲜干净的润滑油。

④检查紧固、定位部件状况对损坏部件进行更换，松动部件进行紧固。

⑤检查拉延、成形、压料面是否磨损，对磨损部位补焊、研配、抛光。

⑥检查压料、卸料部件，对损坏部件进行维修、更换。

⑦检查导向、斜楔机构，对磨损、开裂的部件进行维修、更换。

⑧检查平时不可见部位是否有裂纹等疲劳损坏，对新发现的裂纹区及严重损坏部件征求工艺人员的意见进行维修。

⑨检查冲头、刃口磨损状况，对磨损部位补焊、修磨、更换。

⑩检查模板、模架磨损、变形状况，磨损、变形部件进行维修、更换。

⑪检查翻边模、整形模的凸、凹模间隙及棱线磨损状况，磨损部位进行修复。

⑫检查限位机构状况、气动元件状态。

（3）模具维修过程中的保养

伴随每次模具的下线维修，模具维修人员要对模具的其他部位实施保养，主要为彻底清除切边、冲孔模的废料；擦拭模具，对工作及滑动表面涂油；检查主要部件的状况（包括定位块、定位销、侧销），对重要问题进行记录，填写在《模具维修/改造记录卡》的相应栏。

8. 模具的保管

模具的管理应账、物、卡相符，分类管理。

（1）模具管理卡

模具管理卡应记录模具号和名称、材料规格型号、所使用的设备、模具规格及质量、模具使用工艺参数、模具加工件数及质量状况，每批压件后技术状态鉴定结果，模具修理及改进的内容等，模具管理卡要挂在模具上，要求一模一卡。模具使用后，要立即填写使用日期、制件数量及质量状况，与模具一并入库保管。模具管理卡要干净，必要时可用塑料袋存放，以免长期使用损坏。

（2）模具管理台账

模具管理台账是对库存全部模具进行总的登记与管理，主要记录模具号及模具名称。

（3）模具技术档案

对于每副模具都应建立技术资料档案，包括模具的原始图纸、备件规格、压件情况、压件数量、维修改造状况，以便今后对该模具能做到正确、合理地使用。对模具的使用状态鉴定记录卡及《模具的维修/改造记录卡》要做到定期归档。模具的技术档案由工艺科保存。

（4）模具的分类管理

模具的分类管理是指模具应按种类或使用机床分类进行保管，也可按制件的类别分组管理，一般是按制件分组管理。例如，一个冲压制品，分别要经拉深、切边冲孔、翻边三个工序才能完成，这样可将这三个工序使用的拉深（多次拉深）模、切边冲孔模、翻边模等一系列模具统一放在一块管理和保存，以便在使用时，很方便地存取模具，并且根据制件情况便于维护和保养。在冲压生产中，按上述方法应每月对库存模具进行检查，使其账、物、卡相符，发现问题，及时处理，防止影响生产的正常进行。

9. 模具入库发放的管理办法

模具的保管，应使模具经常处于可使用状态。为此，模具入库与发放应做到以下几点：

①入库的新模具，必须要有检验合格证或验收合格记录，并要带有经试模后或使用后的合格制品末件。

②使用后的模具若需入库进行重新保管，一定要有技术状态鉴定记录，确认下次是否还能继续使用。

③经维修保养恢复技术状态的模具，应是经维修人员自检和工艺人员确认合格能使用的模具。

④经修理后的模具，调试合格后，试件须经检验人员验收并将试件存放在模具内。

10. 模具的储存保管

①储存模具的模具库，应通风良好，防止潮湿，并能便于存放及取出。

②储存模具时，应分类存放并摆放整齐。

③对于小型模具应成套存放在架子上保管，大、中型模具存放成"金字塔"型。

④模具存放前，应擦拭干净，导向部位加注润滑油。

⑤在凸模与凹模刃口及型腔处，导套、导柱接触面上涂以防锈油，以防长期存放后生锈。

⑥模具在存放时，收藏保护块要完整（特别是大、中型模具），以避免卸料装置长期受压而失效。

⑦模具（特别是大、中型）上、下模应整体装配后存放，决不能拆开存放，以免损坏丢失工作零件。

⑧对于长期不使用的模具，应经常检查其保存完好程度，若发现锈斑或灰尘应及时处理。

11. 模具报废及复制

①在正常使用情况下，模具出现严重磨损、定位失准、严重变形，工艺科确认不能修复或修复费用大于原值时，由使用单位出具报废报告，工艺科认可，上报主管、副总批准后办理报废手续。

②模具非正常损坏，由责任部门出具事故报告，报制造部、工艺科，由工艺科确认是否能够修复，不能修复的办理报废手续。

③报废模具，如现产品继续生产，小型模具由工艺科提供图纸或技术数据，制造部负责联系外协厂家对报废模具进行复制，大、中型模具由工艺科负责联系模具开发厂家对报废模具进行复制。

④复制模具的验收：小型模具由制造部负责组织工艺科、检验科、冲压车间有关人员对复制模具按相关技术要求进行技术符合性静态检查和动态运行状态检查；大、中型模具由工艺科负责组织制造部、检验科、冲压车间有关人员对复制模具按相关技术要求进行检查，检查合格后由工艺科填写《工装/模具验收报告》，设备管理部门进行资产登记核实后投入正式使用。

⑤产品改进或新产品的开发造成模具报废，在研发部确认原产品使用模具不再使用时，由使用单位出具报废报告，工艺科认可，上报总经理批准后办理报废手续。

12. 易损件库存量的管理

①模具经长期使用，总会使工作零件及辅助零件磨损及损坏，所以，为了使模具损坏后能迅速恢复到原来的技术状态，缩短修理周期，在车间要设有备件库，贮备一定数量的易损件，贮备时应对每一副模具确定出易损件种类，在库中至少应备有二三个备用件，以保证生产能正常进行。

模具备件要分类管理存放，并建立备件台账，应用后及时补充，使之能最大程度地维持库存数量，避免由于备件管理不善而影响生产或由于供应不及时而造成生产停歇。

②备用件损坏需更换时，车间备件库记录并定期统计，每月将实际消耗数量或需求数量报给工艺科，由工艺科列入每月的《工装、模具备件需求计划》，维修备件的采购按需采购，

工艺科负责技术数据的提供，非标件技术数据及图纸的绘制。制造部负责维修备件的采购、制备和外协加工维修。

③为了保证备件的质量，维修备件的采购以采购标准件为主，外协制作加工为辅。

④检验科负责对采购模具标准件及外协维修制件质量的检验，包括材质、尺寸规格、表面硬度、表面粗糙度等技术指标的检验；临时加工件由工艺人员协助按相应技术标准进行验收。

⑤验收合格后由制造部办理入库手续入库，车间开领料单领出后，投入正常使用。其他未尽事项见《工艺装备管理办法》。

 思考题与练习

1. 成形温度对模具失效有何影响？
2. 设备的精度和刚度对模具失效有何影响？
3. 对模具进行润滑的作用有哪些？
4. 模具在使用时应注意哪些问题？
5. 模具的现场维护包括哪些内容？

任务三 模具材料性能对失效的影响

 任务描述

模具设计的质量直接关系到模具的使用寿命，即直接影响其失效形式的使用有效期。模具设计中有关结构与几何模具失效的影响在前面任务一中已作介绍，目前要重点讨论研究的是模具设计中各零部件选用的材料对其失效的影响。模具各零件设计要求的原材料品质、性能是如何影响模具的使用寿命的，正是本任务的全攻方向。

 学习目标

1. 掌握模具材料的各种使用性能和工艺性能。
2. 掌握模具材料的使用性能与失效的关系，模具钢冶金质量对模具失效的影响。
3. 掌握模具材料的选用。

 任务分析

模具各零件所选用的材料性能是满足使用设计要求的物质基础，各种材料的物理力学特性和热力学特性指标，是决定制成的模具在工作条件下能否保证模具正常工作和设计的使用寿命的主要依据。同时模具材料的成分、组织、质量及性能对模具的承载能力、使用寿命及加工精度、制造成本等均有较大影响。选材不当、性能要求不合理，将导致模具的早期失效或者造成浪费。因此，根据模具的工作条件合理选用模具材料，是保证模具既安全可靠又经济合理的关键因素。

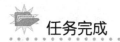

任务完成

一、模具材料的性能的影响

据统计，模具材料性能及热处理质量是影响模具失效的主要因素。模具材料的基本性能包括使用性能和工艺性能。

1. 使用性能

（1）强度

模具材料的强度是模具抵抗失效最重要的性能，屈服强度（σ_s）和抗拉强度（σ_b）是模具设计的重要指标。

1）当模具承受载荷超过了材料的屈服强度时，失效件就会产生明显的塑性变形。因此，提高模具的屈服强度可防止模具产生过量的塑性变形。为此，可采取以下措施降低模具的实际应力。

模具所承受的实际应力主要包括工作应力、残余应力和应力集中三部分。

①降低工作应力。

可采取的措施：一是增加模具的有效截面面积；二是减少工作载荷。要点是准确确定模具的工作载荷，正确地进行应力计算，合理地选择安全系数。

②减小残余应力。

可采取的措施：一是合理地制定工艺流程；二是采取相应的工艺措施。要点是残余应力的大小与工艺因素有关，应根据模具和材料的具体特点要求，合理地安排加工顺序、采用去应力退火或表面喷丸处理等，以便将残余应力控制在最低限度。

③降低应力集中。

应力集中对塑性变形和断裂失效都很重要，在模具结构设计及加工工艺中所涉及的减小应力集中的方法和措施，都可达到提高模具材料承载能力的目的。

2）选择屈服强度高的材料。

模具的屈服强度与选用的材料成分、组织状态及冶金质量等因素有关，因此，可通过材料的使用性能要求，选择与屈服强度匹配的高质量材料。

材料的抗拉强度是衡量材料抵抗断裂能力的指标。当材料的抗拉强度不高时，模具容易发生断裂破坏失效。

模具材料韧性断裂的防止和改进措施与屈服失效相同，当材料的 σ_s 提高了，σ_b 也相应得到提高。但因为断裂是更为严重的失效，因此，首先应考虑塑性变形不要继续发展成为断裂。

3）断裂韧度（K_{IC}）也称裂纹临界应力强度因子，是衡量模具材料抵抗裂纹扩展断裂能力的指标。

裂纹无论存在于模具的表面还是内部，都会破坏金属的连续性，在传递应力时都会在裂纹顶端造成应力集中。在失效分析中，可根据裂纹的形状、尺寸及应力条件进行断裂力学分析，若其应力强度因子已超过疲劳裂纹门槛值时，说明裂纹处于亚裂纹临界扩展状态，待裂纹扩展到临界尺寸 a_c 时，应力强度因子 K_I 便达到临界值 K_{IC}，裂纹失稳扩展而发生断裂。

断裂韧度主要取决于材料的化学成分、组织结构等内在因素，同时也受温度、应变速率等外部因素的影响。提高大截面、高强度模具的断裂韧度，主要在于尽量减小材质的内部缺陷，避免内部产生过多的裂纹因素，例如，粗大的晶粒和组织、非金属夹杂物和脆性第二相等都可能成为材料裂纹源，因此，这些应尽可能加以避免。

（2）冲击韧度（α_k）或冲击功（A_k）

冲击韧度或冲击功是衡量模具承受冲击载荷或冲击能量能力的指标，是模具设计特别是冷冲压模、锤锻模等设计时的重要参考依据。

材料的冲击韧度越高，其承受冲击载荷的能力就越高。传统的模具钢为了保证模具的高硬度、高耐磨性，往往会使模具的韧性降低，所以模具在受力大时易产生脆性断裂。因此提高材料强度和韧性，保证表面高硬度是受力大、结构复杂、精度高、寿命长的大型模具所追求的目标。

目前，提高材料强度、韧性及硬度综合性能有两种途径：一是改变材料的合金元素成分；二是采用表面处理工艺。这两方面都是我国模具工业中、长期发展的重要目标之一。

（3）硬度

材料抗外部物体压入的能力称为硬度。模具零件硬度的高低对模具的使用寿命影响很大，因此也是模具设计的重要指标。但并不是硬度越高，模具寿命就越高。随着硬度升高，模具钢的抗压强度、耐磨性和抗啮合能力等指标也升高，而韧性、冷热疲劳抗力及可切削性等指标下降。经验表明，模具的早期失效大多数是由于硬度过高而引起的断裂，少数是由于硬度过低引起的变形和磨损。因此在一定条件下，存在着模具工作硬度最佳值。

模具的最佳工作硬度和模具材料的种类及具体的服役条件有关。表 2.3-1 列出了 T8A 钢制铆钉模的工作硬度与寿命的关系，在这种条件下，其最佳硬度为 51～53HRC。

表 2.3-1　T8A 钢制铆钉模的工作硬度与寿命的关系

工作硬度/HRC	工作寿命	工作硬度/HRC	工作寿命
55～56	几十至几百件崩裂	51～53	＞7000
53～54	500～700 件崩裂	47～49	3000 件左右

试验结果表明，T8A 钢制冲头在软硅钢片上冲小孔，当冲头的硬度为 56～58HRC 时，由于磨损较快，仅冲几千片就因毛刺过大而失效；如果将硬度升至 60～62HRC，则寿命可提高至 2～3 万件；如果继续提高，则易出现早期断裂，使寿命降低。

Cr12MoV 钢制六角螺母冷镦冲头，适当提高回火温度，使硬度为 52～54HRC 时，寿命最高。提高硬度会增加冲头崩裂失效倾向。

4Cr5MoSiV 钢制铝合金压铸模，硬度在 51HRC 以上时，将产生早期冷热疲劳失效，寿命仅几千件；硬度降低至 46HRC 时，由于冷热疲劳抗力提高，寿命可超过 6 万件。

为了提高整套模具的使用寿命而且便于维修，凸、凹模硬度应合理匹配。如果在薄板冲裁模中，凸模相对便于制造和替换，因而凹模的硬度要略高于凸模，以防止发生啃模或啮合时损坏凹模。

对于冲裁箔材的"无间隙"冲模，或小批量冲裁薄板（钢板厚度<1mm，有色金属板厚度<2mm）的冲模，冲头硬度取56～58HRC，凹模取38～42HRC。这样的硬度匹配可以防止二者均被啃伤，当凹模损伤或磨钝后，可以采用锤击凹模刃口的方法修复凹模尺寸。

（4）耐磨性

材料抗磨损的能力称为耐磨性，通常用磨损量表示。磨损量越小耐磨性越高，且模具使用寿命越高。耐磨性不仅与材料的强度、韧性及硬度有关，还与钢中碳化物的数量、大小及分布有关。一般来说，强度或硬度及韧性越高，则碳化物越细小、分布越均匀、材料的耐磨性越好。实际中，可根据不同的磨损形式采取一定的防护措施。

1）减轻磨粒磨损的主要措施

①对于低应力磨粒磨损，应选择含碳量高的材料，并经热处理获得回火马氏体组织的材料，提高材料表面硬度。

②对于重载荷或大冲击载荷下的磨粒磨损，则基体材料组织最好是高硬度、良好韧性的贝氏体，也可以选择良好韧性的材料，再通过热处理提高表面硬度。

③采用合金钢时，通过热处理工艺控制和改变碳化物数量、分布和形态可提高抗磨粒磨损的能力。

④对模具表面经常进行防尘保养，可减小磨粒磨损。

⑤确定材料硬度时，应以 $Hm=1.3Ha$ 为依据（Hm 为模具材料硬度，Ha 为磨粒硬度）。硬度相同时，钢中含碳量越高，形成的碳化物越多，抗磨损能力就越高。

2）减轻黏着磨损的主要措施

①尽量选择互溶性少、黏着倾向小的材料配对；选择强度高、不易塑性变形的材料。

②提高氧化膜的稳定性，提高氧化膜与基体的结合力；减小表面粗糙度，改善润滑条件。

③采用表面渗硫、渗磷、渗氮等处理工艺，在材料表面形成化合物或非金属层，降低接触层原子间结合力，减小摩擦因数，避免直接接触，以降低磨损量。

3）提高疲劳磨损抗力的措施

①提高冶金质量，提供优质纯净材料；或钢中含有适量塑性硫化物夹杂物，能将脆性氧化物夹杂包住形成共生夹杂物，降低氧化物的破坏作用，可提高材料抗疲劳磨损的能力。

②在基体为马氏体的组织中，减小碳化物粒度并使其呈球状均匀分布，使基体中马氏体、残留奥氏体和未溶碳化物量之间有最佳匹配，可最大限度地提高抗疲劳磨损能力。

③合理选择表面硬化工艺，在一定深度范围内保持残余压应力，有利于提高疲劳磨损抗力。

④改善模具表面状态，减少冷热加工缺陷，减小表面粗糙度，降低摩擦因数，也是很有效的措施。例如，在模具表面电镀一层锡和铜类软金属，接触时，表层软金属可以封住裂纹开口，阻止润滑油侵入使裂纹进一步扩大，从而提高接触疲劳强度。

（5）耐蚀性

材料抵抗周围介质腐蚀的能力称为耐蚀性。

腐蚀形式根据腐蚀程度大体可以分为两类：均匀腐蚀程度和局部腐蚀程度。两种不同类型应采用不同的参量表示。

1）腐蚀程度的表示方法

①均匀腐蚀程度用平均腐蚀速度来表示，腐蚀速度又可用单位时间的腐蚀深度或用质量的减少或增加来表示。

用腐蚀深度表示腐蚀速度的方法，其缺点是当金属密度不同时，就不能正常说明腐蚀速度的大小。

②局部腐蚀程度不能用上述方法来表示，而应根据情况用裂纹扩展速率或材料性能降低程度来表示。

2）防止金属腐蚀的措施

①根据使用的具体情况和要求来选择合适的耐腐蚀材料，要求它既耐腐蚀，又便于加工制造，价格便宜。

②设计上应尽可能降低热应力，避免流体停滞和聚集、局部过热等，这样可降低腐蚀速度。另外应尽量避免不同的金属互相接触，以防止产生接触腐蚀。

③添加缓蚀剂和除去介质中的有害成分，对腐蚀介质进行处理，以降低和消除介质对金属的腐蚀作用。

④如果不让金属和有害介质直接接触，金属的腐蚀就不会发生了，为此可采用表面覆盖层把金属和有害介质隔开。

要使覆盖层能真正起到保护作用，就要求覆盖层致密、不能透过介质、和金属结合强、耐蚀性好、在整个表层上分布均匀。

⑤采用电化学保护的方法对金属通以电流进行极化。例如，把金属接到直流电源正极上通以电流，使其进行极化，称为阳极保护；若把金属接到直流电源阴极上通以电流，使其进行极化，称为阴极保护。阳极保护只对那些在氧化介质中能发生钝化的金属有好的效果。

（6）热稳定性

在高温下，材料保持其组织、性能稳定的能力称为热稳定性。

对于在高温下工作的模具，热稳定性是很重要的指标。在高温下，材料内部原子的活动能力增加，使材料产生塑性提高而强度、硬度下降的趋势，引起材料承载能力及耐磨损能力下降。当温度超过相变温度时，材料将发生组织转变的现象，而引起材料性能的变化。例如，正火钢受热温度超过相变温度时，珠光体组织转变为奥氏体，材料的塑性升高，强度下降；回火马氏体组织的热模具钢受热温度超过其回火温度时，会产生继续回火现象，使回火马氏体转变为回火屈氏体或回火索氏体，从而使模具失去工作时所要求的高硬度。

因此，选择高温下工作的模具材料要考虑其在高温下的热稳定性，既要求材料具有较高强韧性和足够的硬度，还要保证其回火马氏体组织具有较高的低温回火温度。例如，W18Cr4V钢的低温回火温度为560℃以上，而Cr12MnMo低温回火温度为190℃以下。

（7）耐热疲劳性

高温下，材料承受应力频繁变化的能力称为耐热疲劳性。

1）热疲劳失效产生的原因

热作模具是在反复加热和冷却条件下工作的。温度循环致使材料体积循环变化，当材料的自由膨胀和收缩受到约束时，就会产生循环热应力或循环热应变。在循环热应力或循环热应变与机械应力的联合作用下，导致疲劳裂纹形成与扩展，最后引起模具产生热疲劳失效。

热疲劳也是塑性变形累积的结果，属低周疲劳范畴，但热疲劳过程比机械疲劳要复杂。首先由于温度交变作用，除产生热应力外，还导致材料内部组织变化，使强度和塑性降低。其次，热疲劳条件下的温度分布是不均匀的，在温度梯度大的地方，塑性变形严重，热应变集中较大。

产生热疲劳失效的原因可归纳为模具热膨胀或收缩受到约束作用；零件本身存在温度梯度；组合件之间存在温差；膨胀系数不同的材料相配合或连接等几种情况。

2）提高耐热疲劳抗力的措施

①模具不可避免地存在圆角、孔等应力集中因素，在不影响使用性能的前提下，应尽量选择最佳结构，使截面圆滑过渡，避免或降低应力集中。

②选择优良的抗热疲劳性的材料，是决定零件具有优良抗疲劳应力的重要因素。

③采用表面强化工艺，如表面热处理、化学热处理、喷丸和滚压强化等，改善和提高模具的抗热疲劳性能。

④对于低周疲劳和热疲劳失效，可通过改善材料塑性来改善失效抗力。

对于承受热疲劳的模具，只要设法约束模具变形，减小零件的温度梯度，尽量选用热膨胀系数相近的材料，就可减小热疲劳损伤。

2. 工艺性能

（1）锻造工艺性能

材料对锻造工艺的适应性称为锻造工艺性能。

原材料质量不合格，难以保证锻造质量，会直接造成锻件废品。因而必须对所用钢材进行宏观、微观检验。要求钢材表面没有裂纹、折叠，内部没有气孔、疏松、发裂，并对碳化物的分布、非金属夹杂物进行评价。

钢材备料应使长径比 $L/d \leqslant 2.5\sim3$，并尽可能选用小规格钢材。用锯床或热切下料时应注意断面平整，避免产生新的表面损伤。

（2）切削加工工艺性能

材料切削加工的难易程度称为切削加工工艺性能。

现代工业产品的发展对模具加工要求的趋势是高的表面质量和高的精度及小的表面粗糙度，所以对切削性能和抛光性能均有很高要求。例如，有些塑料模具要求具有很小的表面粗糙度值，因此要求材料具有很好的镜面加工性。发展易加工、抛光性好的钢材是塑料模具发展的方向之一。同时要求材料杂质少，组织微细均匀，无纤维方向性等。

（3）热处理工艺性能

材料在热处理时，获得所需组织、性能的难易程度称为热处理工艺性能。

在模具失效事故中，因热处理因素而造成的事故一般占 52.2%，以致热处理在整个模具的制造过程中占有重要的地位，热处理工艺的好坏对模具质量有较大影响。一般要求热处理变形小、淬火温度范围宽、过热敏感性低、脱碳敏感性低，特别是要有较大的淬硬性和淬透性。淬硬性保证了模具的硬度和耐磨性，淬透性保证了大尺寸模具的强韧性及断面性能的均匀性。对要求表面硬度高的冲裁、拉深模具，淬硬性显得更重要，而对于要求整个截面的均匀性一致的热锻模来说，淬透性往往更重要。

（4）淬透性

材料在一定条件下进行淬火，获得淬透层深度的能力称为淬透性。

淬透性是热处理工艺性能的一种。淬透层深度的大小影响模具材料的整体受力性能，例如，对中碳正火钢进行调质处理，可使材料获得回火索氏体组织，硬度为 35HRC 左右。若材料未淬透，则心部仍为正火组织，且硬度为 25HRC 左右，降低了整体承载能力的要求；若对高碳钢进行淬火加低温回火时，材料可获得高硬度、高耐磨性，但塑、韧性较低，整体受力性能偏脆；若材料未淬透时，心部保留塑、韧性较好的原始组织，对整体受力性能反而有利，但会引起组织应力，需进行去应力处理。

材料的淬透性主要受合金元素和淬火冷却速度的影响。一般合金元素含量越多的材料淬透性越好，临界冷却速度越低的材料越易淬透。另外，模具壁厚也会影响淬透性。

以上性能中，有的已有测量规范和指标，可用试验装置进行定量测量，有的没有测量装置，有的难以测量，只能定性理解。不同模具的使用工况不同，对模具材料的性能要求差别很大。针对每一具体的模具，对模具材料的性能要求应考虑与使用工况相关的几种性能。

二、模具使用性能的选择

模具的工作条件不同，模具材料的性能指标对模具寿命的影响也不同。根据受力大小和温度不同，模具的工作条件可近似分为以下四种情况：室温载荷较小的工况；室温载荷较大的工况；高温载荷较小的工况；高温载荷较大的工况。

1. 室温载荷较小的工况

在室温冲击力较小的工况下，模具材料的高温性能无意义。另外，由于冲击力较小，模具材料的韧性要求远没有对强度和耐磨性的要求高。这类模具（如冲裁模、拉深模）的强度越高、硬度越高、耐磨性越好，则寿命越长。

2. 室温载荷较大的工况

在室温冲击力较大的工况下，模具材料的高温性能无意义。模具主要考虑应具有高的强度、耐磨性，并具有较好的韧性，这类模具有冷镦模、冷挤模。

3. 高温载荷较小的工况

在高温冲击力较小的工况下，模具应具有高的高温强度、高温耐磨性、耐冷热疲劳性、热硬性及热疲劳性，同时，应具有适当的冲击韧度。这类模具有曲柄压力机锻模。

4. 高温载荷较大的工况

在高温冲击力较大的工况下，模具应具有高的高温韧性，同时，应具有合适的高温强度、热硬性及耐热疲劳性。这种模具有锤锻模、高速锤锻模。

模具材料的性能指标虽然很多，且含义不同，但它们之间是有关联的。例如，钢的强度与硬度在一定范围内存在同向关系，强度高，硬度也高；而强度、硬度与韧性存在逆向关系，随着强度的增高，材料的韧性会下降。这种关系的变化规律对不同材料和不同组织是不完全一样的，如钢中加入适量的 Ni、Cr 元素，不仅可以提高强度，还可以使韧性不下降或略有提高。

在实际选材中，最重要的一点就是要根据模具的工作条件和使用性能来合理选择模具材料和热处理工艺参数。选择模具材料时，应考虑强度和韧性的最佳匹配，才能使传统钢模具寿命最高。采用正确的热处理与表面处理工艺，可以使模具内部具有高韧性，而表面具有高硬度和耐磨性，是有效提高模具使用性能和寿命的良好途径。

三、模具钢冶金质量的影响

模具钢的冶金质量问题，主要出现在大、中截面模具（如锤锻模、大型覆盖件冷冲模等），以及碳合金元素含量较高的模具钢。其具体表现形式有非金属夹杂物、碳化物偏析、中心疏松和白点等缺陷，对钢的热处理质量和模具的寿命影响很大。

1. 非金属夹杂物

非金属夹杂物强度低、脆性大，与钢基体的性能有很大的差异，可视为钢中的裂纹缺陷，易成为裂纹源，可降低钢的疲劳强度和韧性，引起钢的早期断裂失效。非金属夹杂物还影响钢的切削加工及抛光性能，从而影响塑料模具的表面抛光质量。

模具钢经锻压加工后，非金属夹杂物呈一定走向的流线分布，使其纵向、横向性能发生差异，横向的强度和韧性下降。如果冲头中的流线走向与轴线平行，则冲头有可能发生纵向劈裂；若流线走向与轴线垂直，则冲头易发生横向折断。

2. 碳化物偏析

过共析合金钢和莱氏体钢的组织中含有较多的合金碳化物。这些碳化物在一次结晶和二次结晶的过程中常呈不均匀结晶或析出，形成大块状、网状或带状偏析。如果通过锻压加工能使碳化物均匀细化，呈细粒状弥散分布，则它对钢的硬度、耐磨性、抗压强度、抗啮合性、热强性等都是有益的，对钢的塑性、韧性也影响不大。但如果上述碳化物偏析得不到消除或改善，则将明显降低钢的塑性、韧性、断裂抗力及其他力学性能，并使钢的工艺性能恶化。

例如，大块或密集的碳化物可能成为裂纹源，导致受载模具早期断裂。当它们出现在模具的尖齿或刃口部位时，很容易引起崩齿、崩刃。当碳化物呈带状分布时，会造成沿带状碳化物纵向和横向之间的性能差异，易引起模具沿带状方向开裂，如图 2.3-1 所示。

（a）凸模热裂失效　　　　　　　　　　（b）金相组织

图 2.3-1　因严重碳化物偏析导致凸模热裂

碳化物偏析还会影响冷、热加工工艺性能，例如，增大热处理过热、过烧倾向，产生热处理变形及其各项变形的差异，引起淬裂和磨裂等现象。

3. 中心疏松和白点

大截面合金钢模具中，易存在中心疏松和白点缺陷。这类缺陷往往会促成模具毛坯的锻造开裂、淬火开裂及在使用过程中发生脆断。当锻造不当使疏松部位出现在模具表面时，还会使模具表面在受力时出现凹陷。

鉴于上述冶金缺陷对模具材料性能的严重影响，必须按照技术标准对原材料进行严格检查验收，并通过合理锻造及锻后热处理改善材质。

知识链接

一、模具材料的种类

常用模具材料除冷作模具材料、热作模具材料、塑料成形模具材料三大类模具材料之外，还有铸造模具钢、有色合金模具材料、玻璃模具材料等，另外我国还开发研制了特种新型模具用材。本章重点叙述以上三大类模具材料的性能与应用。

1. 冷作模具材料

冷作模具材料应用量大、使用面广，其主要性能要求有强度、硬度、韧性和耐磨性。常用的有碳素工具钢、合金工具钢、高速钢、铸铁、硬质合金、新型模具钢等，一般以高碳合金钢为主，属热处理强化型钢，使用硬度高达 58 HRC。以 9CrWMn 为典型代表的低合金冷作模具钢，一般仅用于小批量生产中的简易型模具和承受冲击力较小的试制模具；Cr12 型高碳合金钢是大多数模具的通用材料，这类钢的强度和耐磨性较高，韧性较低；在对模具综合力学性能要求更高的场合，常用的替代钢种是 W6Mo5Cr4V2 高速钢或新型模具钢。在大型模具上使用切削加工性较好的铸铁材料。

1）碳素工具钢。碳素工具钢都是高碳钢，含碳量在 0.7%～1.4%，主要牌号有 T7、T7A、T8、T8A、T10、T12、T12A 等。这类钢切削性能良好，淬火后有较高的硬度和良好的耐磨性，但其淬透性差，淬火时须急冷，变形开裂倾向大，回火稳定性差，热硬性低。适用于制造尺寸小、形状简单的冷作模具。

2）合金工具钢。合金工具钢是在碳钢的基础上加入一种或几种合金元素冶炼而成的钢。常用的合金工具钢有低合金工具钢与高合金工具钢。

①低合金工具钢。低合金工具钢含有一定的合金元素，与碳素工具钢相比，经淬火后有较高的强度和耐磨性、淬透性好、热处理变形小、回火稳定性好等特点。模具中常用的牌号有 CrWMn、9Mn2V、9SiCr、GCr15、5CrMnMo、5CrNiMo 等，适合各种类型的成形零件。5CrMnMo 钢除具有 9Mn2V 钢的特性外，其耐磨性和韧性也较好，适用于制造大型的成形零件。近年来碳素工具钢的使用越来越少，而高合金工具钢模具所占的比例为最高。

②高合金工具钢。高合金工具钢由于合金元素的增加，其淬透性、耐磨性显著增加，热处理变形小，广泛用于承载大、冲击多、工件形状复杂的模具。常用的冷作模具钢有 Cr12、Cr12MoV，热作模具钢的材料有 3Cr2W18、3Cr2W8V 等。除了 Cr12、Cr12Mo、Cr12MoV、

硬质合金外,对一些工作强度大,受力苛刻的凸、凹模,可选用新材料粉末合金钢,如 V10、ASP23 等,此类材质具有较高的热稳定性和良好的组织状态。

针对以 Cr12MoV 为材质的零件,在粗加工后应进行淬火处理,若淬火后工件存在很大的残留应力,则容易导致精加工或工作中开裂,零件淬火后应趁热回火,消除淬火应力。淬火温度控制在 900～1020℃,然后冷却至 200～220℃出炉空冷,随后迅速回炉 220℃回火,这种方法称为一次硬化工艺,可以获得较高的强度及耐磨性,对于以磨损为主要失效形式的模具效果较好。生产中遇到一些拐角较多、形状复杂的工件,回火还不足以消除淬火应力,精加工前还需进行去应力退火或多次时效处理,充分释放应力。

针对 V10、APS23 等粉末合金钢零件,因其能承受高温回火,淬火时可采用二次硬化工艺,1050～1080℃淬火,再用 490～520℃高温回火并进行多次,可以获得较高的冲击韧性及稳定性,对以崩刃为主要失效形式的模具很适用。粉末合金钢的造价较高,但其性能好,正在形成一种广泛运用趋势。

3)高速钢。高速钢目前常用的有钨系高速钢(WC)W18Cr4V 和钼系高速钢(MoC)W6Mo5Cr4V2。高速钢具有良好的淬透性,在空气中即可淬硬,在 600℃左右仍能保持高硬度、高强度和良好的韧性、耐磨性。高速钢适用于制造冷挤压模、热挤压模。

4)铸铁。铸铁的主要特点是铸造性能好、容易成形、铸造工艺与设备简单。铸铁具有优良的减震性、耐磨性和切削加工性。灰铸铁除可用在制造冲模的上、下模座外,还可以代替模具钢制造模具主要工作部分的受力零件。

5)硬质合金。硬质合金是以金属碳化物作硬质相,以铁族金属作为黏结相,用粉末冶金方法生产的一种多相组合材料。常用的硬质合金有钨钴类(YG)、钨钴钛(YT)和万能硬质合金(YW)三类。钨钴类强度较高、韧性较好,钨钴钛类则具有较好的热硬性和抗氧化性,制造模具主要采用钨钴类硬质合金。随着含钴量的增加,硬质合金承受冲击载荷的能力逐渐提高,但硬度和耐磨性下降。因此,应根据模具的工作条件合理选用。硬质合金可用于制造高速冲模、冷热挤压模等。

6)新型模具钢。新型模具钢具有高的韧性、冲击韧度和断裂韧度,其高温强度、热稳定性及热疲劳性都有较好的特点,可提高模具的寿命,常用新型模具钢的特点及应用见表 2.3-2。

表 2.3-2　新型模具钢的特点及应用

钢号	特点及应用
3Cr3Mo3W2V(HM1)	高温强度、热稳定性及热疲劳性都较好。用于高速、高载、水冷条件下工作的模具,可提高模具寿命
5Cr4Mo3SiMnVA1(012A1)	冲击韧度高,高温强度及热稳定性好。适用于高温、大载荷下工作的模具,可提高模具寿命
6Cr4Mo3Ni2WV(CG2)	高温强度、热稳定性好。适用于小型热作模具,可提高模具寿命
65Cr4W3Mo2VNb(65Nb)	高的强韧性,是冷热作模具兼用钢,可提高模具寿命
6W8Cr4VTi(LM1) 6Cr5Mo3W2VSiTi(LM2)	高强韧性、冲击韧度和断裂韧度,在抗压强度与 W18Cr4V 钢相同时,高于 W18Cr4V 钢。用于工作在高压力、大冲击力下的冷作模具,可提高模具寿命
7Cr7Mo3V2Si(LD)	高强韧性,用于大载荷下的冷作模具,可提高模具寿命
7CrSiMnMoV(CH-1)	韧性好,淬透性高,可用火焰淬火,热处理变形小,适用于低强度冷作模具零件

续表

钢号	特点及应用
8Cr2MnWMoVSi（8Cr2S）	预硬化钢，易切削，可提高塑料模寿命
Y55CrNiMnMoV（SM1）	预硬化钢，用于有镜面要求的热塑性塑料注射模
Y20CrNi3A1MnMo（SM2）	用于形状复杂、精度要求高、产量大的热塑性塑料注射模
5CrNiMnMoVSCa5NiSCa	
4Cr5Mo2MnVSi（Y10）	用于压铸铝镁合金
3Cr3Mo3VNb（HM3）	
4Cr3Mo2MnVNbB（Y4）	用于压铸铜合金
12Cr4W2MoV	用于要求长寿命的冲裁模

2. 热作模具材料

由于增加了温度和冷却条件（有无冷却、如何冷却）这两个因素，热作模具的工作条件远比冷作模具复杂，因而热作模具用材的系列化，除少数几种用量特别大的以外，总的来说不如冷作模用材系列完整。热作模具用材的选择，在力学性能方面要兼顾热强性（热耐磨性）和抗裂纹性能，由于加工对象（热金属）本身强度不高，故对热作模具材料的屈服强度要求并不高，但在加工过程中采用的冲击加工方式及不可避免的局部急热急冷特性对韧性提出了较高要求。

热作模具钢多为中碳合金钢，用于热锻模、热挤压模、压铸模及等温锻造模具等。常用热作模具钢的种类主要有 5Cr 型、3Cr3Mo 型、CrW 型和 CrNiMo 型合金工具钢，特殊场合也使用基体钢、高速钢和马氏体时效钢。

1）5Cr 型热作模具钢。5Cr 型热作模具钢的典型钢种是 H18 钢和 H11 钢，这类钢的综合性能较好，尤其是抗冷热疲劳性强，是目前各国用量最多的标准型热作模具钢。

2）3Cr3Mo 型热作模具钢。3Cr3Mo 型热作模具钢的基本钢种是美国的 H10 钢。这类钢韧性较高，热强性优于 H13 钢，可用于热锻模和温锻模。

3）超级热作模具材料。热作模具材料以要求热强性为主时，可以选用铁基（Cr18、Ni26、Ti12）、镍基（Cr18、Fe18、NM、M03）及钴基材料。另外几乎所有高温合金均可用于热作模具。热作模具材料要求耐磨性为主时，可以选用高铬莱氏体钢、高速钢、高钒粉末钢、钢结硬质合金及工程陶瓷。高钒粉末钢以其低廉的原料成本和特别高的耐磨性、良好的韧性备受重视。工程陶瓷也具有热强、耐磨特性，但因抗裂纹性能低而受到限制。

4）其他热作模具钢。CrW 型热作模具钢的传统钢种是 H21（8Cr2WSV）钢，由于这种钢的韧性低，抗冷热疲劳性能差，现在国外已广泛被 H13 钢取代。CrW 型钢的高温强度和耐磨性好，一些高温锻模和高温压铸模有时使用 H19 钢。

国外还发展了一些新型高铬耐蚀模具钢，如俄罗斯的 2X9B6 钢等。CrNiMo 型热作模具钢主要用于大型热锻模，这类钢的淬透性、回火稳定性和韧性较高，切削加工性能好，但耐磨性差。在特殊情况下，可以提高耐磨性和热硬性为主要目的。而用于热作模具的高速钢，多为 W 系高速钢。为了保证足够的韧性和抗冷热疲劳性能，钢中碳的质量分数较低，相当于基体钢。基体钢属高强韧性热作模具钢。马氏体时效钢的综合性能最好、表面粗糙度值小、热处理变形小，但成本较高，一般仅用于复杂、精密的压铸模和挤压模。

3. 塑料成形模具材料

由于塑料模具的工作条件（加工对象）、制造方法、精度及对耐久性要求的多样性，所以塑料模具用钢的成分范围很大。我国目前采用的 45 钢、40Cr 钢等因寿命短、表面粗糙度值大、尺寸精度不易保证等缺点，并不能满足塑料制品工业发展的需要。工业发达的国家较早地注意到了提高塑料模具材料的寿命和模具质量问题，已形成专用的钢种系列。例如，美国 ASTM 标准中的 P 系列包括 7 个钢号，其他国家的一些特殊钢生产企业也发展了各自的塑料模具用钢系列，如日本大同特殊钢公司的塑料模具钢系列包括 13 个钢号，日立金属公司则列入了 15 个钢号。我国国家标准中只列入了 3Cr2Mo（P20）一个钢号，但近年来已经初步形成了我国的塑料模具用钢系列。塑料模具钢可以分为下述几类。

1）通用型塑料模具钢。塑料模具钢的主要性能要求为加工性能、耐蚀性和镜面度，一些特殊的模具还要求高的耐磨性和韧性。当今塑料模具钢已形成了较完整的体系，大致可分为以下几类。

①基本型塑料模具钢。如 65 钢，碳的质量分数为 0.65%，在锻后正火状态可直接加工成形使用，使用硬度很低（<20HRC），切削加工性能好，但模具表面粗糙度值大、使用寿命短。

②预硬化型塑料模具钢。它是用量最大的通用型材料，典型的代表钢种是美 P20 钢。这类钢是在中、低碳钢中加入一些合金元素的低合金钢，淬透性较高且保持良好的易切削加工性能，调质后加工使用，硬度通常在 25～35HRC。

③时效硬化型塑料模具钢。例如，美国的 P21 钢、日本的 NAK55 钢是在中、低碳钢中加入 Ni、Cr、Al、Cu、Ti 等合金元素。首先对毛坯进行淬火、回火处理，使其硬度小于 30 HRC，然后加工成模具，最后进行时效处理，由于金属间化合物的析出使模具的硬度上升到 40～50 HRC。这类钢的耐蚀性和耐磨性优于预硬钢，可用于复杂精密模具或大批量生产用的长寿命模具。这类钢中常加 S、Pb、Ca 等元素以改善其切削加工性能。

④热处理硬化型塑料模具钢。例如，美国的 D2 钢，日本的 PD613 钢、PD555 钢等可分为高碳高铬型（冷作模具钢）的高耐磨塑料模具钢和低碳高铬型的高耐腐蚀性塑料模具钢两种。这类钢制造的模具，需在精加工后进行淬火、回火处理，使用硬度为 50～60HRC，模具表面能达到很高的镜面度，并可进行表面强化处理。

⑤粉末模具钢。对于要求高耐磨性、高耐蚀性、高韧性和超高镜面度的高级塑料模具，可采用马氏体时效钢或粉末模具钢。用粉末冶金方法生产的模具钢，与高碳高铬型模具钢有相同的化学成分，而显微组织中的碳化物均匀微细，可使模具达到极高的镜面度。例如，日本神户制钢公司研制的 KAD181 和 KAS440 两种粉末模具钢就是在 D2 钢的基础上，提高铬含量的钢种。这两种钢的使用硬度可达 62～64HRC，表面粗糙度值可达 R_a=0.01μm，主要用于一些产品批量很大的高级塑料模具，寿命可达到普通热处理硬化型钢模具寿命的 2～3 倍。

⑥钢结硬质合金。钢结硬质合金以其高硬度和高耐磨性的特点，在多工位精密冲模中越来越被广泛应用。近年来，国外钢结硬质合金的发展很快，其特点是硬质相向多样化方向发展，如 TiCN、TiB 等多种硬质相；黏结相钢种不断向普通硬质合金靠近，硬质相含量最高可达 94%；另一方面向粉末高速钢靠近，钢基体含量最高可达 90%。例如，日本日立金属公司开发的 10%TiN 型钢结硬质合金，其使用硬度高于 73HRC，常用于冷成形模具，效果优于高速钢和普通硬质合金。此外，以 5%～20%铁族元素为黏结相的复合硬质相型（TiC、WC、TiN、AlN、TaC 等）钢结硬质合金在 800℃下具有很高的耐磨性，可用于热锻模。

2）新型塑料模具用钢。近年来发展了几种典型塑料模具用钢，介绍如下所述。

①LJ 塑料模具钢。华中理工大学与大冶钢厂合作研制的一种冷挤压成形塑料模具钢。此类材料在挤压时具有高塑性、低变形抗力，以利于成形；经过表面硬化处理后，表面具有高硬度、高耐磨性，同时，心部具有良好的强韧性，以利于提高模具的使用寿命。

②钛铜合金塑料模。钛铜合金是在钢中加入 6.5%（质量分数）以下钛，然后在一定条件下析出硬化相的新型高强度、高硬度合金，该合金耐磨损、耐腐蚀、耐疲劳。将其固溶处理后有一个硬度最低值，此时易于进行各种形变或切削加工，而随后再进行低温时效处理，可在不产生氧化和变形的情况下，使其强度和硬度大幅度升高，同时其热导性也随之提高，是碳钢的 3 倍左右。所有这些性质都是作为模具材料所期望的。

③镀铜合金塑料模（Be-Cu）。Be-Cu 合金塑料模具有耐磨损、使用寿命长的优点。Be-Cu 合金模强度高达 980～1100MPa，经时效处理后硬度可达 35HRC。注射次数越多，模面越光滑，而且精度准确、复制性佳、表面光洁、热导性良好，可提高制品的生产速度。Be-Cu 合金塑料模可降低制模成本、缩短工时、减少机床台数、节省人工，还可制作形状复杂且无法以机械加工、冷压成形加工或放电加工等方法制作的模具。

④大截面塑料模具钢（P20BSCa）。华中理工大学研制了一种适合大截面注射使用的预硬型易切削塑料模具钢：P20BSCa 钢。此钢除满足注射模各项基本性能要求外，还具有高的淬透性，以保证截面上性能的均匀一致。模拟冷却试验结果表明，P20BSCa 钢具有良好的淬透性，有效直径为 600mm 的模块可淬透，且淬火及回火以后心部硬度可达 33HRC 以上，证明该钢完全可以作为要求预硬硬度为 30～35HRC 的大型或超大型塑料模具用材。

⑤新型易切削贝氏体塑料模具钢（Y82）。新型易切削贝氏体塑料模具钢 Y82 是清华大学研制而成的，采用中碳和少量普通元素 Mn、B 合金化，添加 S、Ca 元素改善切削性能，是一种有前途的新钢种。

常用模具钢的性能和特点见表 2.3-3。

表 2.3-3　常用模具钢的性能特点及用途

钢种	性能特点	用途
10、20	易挤压成形、渗碳及淬火后耐磨性稍好、热处理变形大、淬透性低	工作载荷不大、形状简单的冷挤压模、陶瓷模
45	耐磨性差、韧性好、热处理过热倾向小、淬透性低、耐高温性能差	工作载荷不大、形状简单的型腔模、冲孔模及锌合金压铸模
T7A、T8A	耐磨性差、热处理变形大、淬透性低	工作载荷不大、形状简单的冷冲模、成形模
T10A、T12A	耐磨性稍好、热处理变形大、淬透性低	
40Cr	耐磨性差、韧性好、热处理变形小、淬透性较好、耐高温性能差	用于锌合金压铸模
9Mn2V GCr15	耐磨性较好、热处理变形小、淬透性较好	工作载荷稍大、形状简单的冷冲模、胶木模

续表

钢种	性能特点	用途
CrWMn 9SiCr	耐磨性好、热处理变形小、淬透性较好	工作载荷较大、形状较复杂的成形模、冷冲模用于冲头、拉拔模
60Si2Mn	韧性好、热处理变形较小、淬透性好	用于标准件上的冷镦模
Cr12	耐磨性好、韧性差、热处理变形小、淬透性好、碳化物偏析严重	用于载荷大、形状复杂的高精度冷冲模
Cr12MoV	耐磨性好、热处理变形小、淬透性好、碳化物偏析比 Cr12 小	用于载荷大、形状复杂的高精度冷冲模、冷挤压模及冷镦模
5CrMnMo、5CrNiMo	韧性较好、热处理变形较小、淬透性较好、回火稳定性较好	用于热锻模、切边模
3Cr2W8V	热硬性高、热处理变形小、淬透性好	用于热挤压模、压铸模
W18Cr4V、W6Mo5Cr4V2		用于冷挤压模、热态下工作的热冲模

二、模具材料的选用原则

模具材料的选用有以下三个原则。

1）使用性能原则

材料的使用性能应满足模具的使用要求。对大量机器工件和工程构件，主要是机械性能；对一些特殊条件下工作的工件，则必须根据要求考虑到材料的物理化学性能。

2）工艺性能原则

材料的工艺性能应满足模具生产工艺的要求。

3）经济性原则

必须考虑材料的经济性。采用便宜的材料，把总成本降至最低，取得最大的经济效益，使产品在市场上具有最强的竞争力。

思考题与练习

1. 模具材料的使用性能包括哪些？若从强度方面考虑，如何防止模具产生过量的塑性变形？
2. 模具材料的工艺性能包括哪些？
3. 试述模具钢的冶金质量对模具失效的影响。
4. 模具材料的选用原则是什么？

任务四　模具制造对失效的影响

任务描述

模具的使用质量是设计与制造出来的，显然模具的制造质量与其使用寿命息息相关。在造成模具失效的基本因素中，模具制造因素是非常重要的因素之一。模具制造环节的质量对其失效有什么重大影响？正是本任务要介绍的内容。

学习目标

熟悉模具制造环节对其失效的影响的内容；掌握模具零件毛坯锻造缺陷与预处理、模具的冷加工缺陷、模具的热处理缺陷、模具的表面处理缺陷和模具的装配缺陷对模具失效的影响因素及防止。

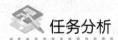

任务分析

模具制造是将原材料通过冷、热加工，改变其形状、尺寸和性能，以达到设计要求而满足模具的使用性能要求。模具零件的热加工，主要涉及坯件的锻造、铸造，还有常见的为提高或改变材料性能的热处理工艺及表面处理。实践证明，许多模具的报废往往归结于热处理问题和铸、锻件的质量缺陷。冷加工主要是指对模具零件的机械加工和模具的装配，冷加工质量毛病常常也是导致模具夭折而报废的重要原因。据此，可将模具制造环节对其失效的影响，分解为毛坯的锻造、机械加工、热处理及模具装配等几个方面。

任务完成

模具制造包括模具毛坯的锻造、零件的切削加工、电加工和热处理等。模具的制造过程对模具的寿命有很大影响。

1. 模具毛坯的锻造缺陷与预处理对失效的影响

模具毛坯的锻造是重要的热成形加工工艺，同时也是改善模具材料质量，提高模具材料性能的重要手段。

模具毛坯在锻造过程中，因其模具设计、设备选择、工艺规程、操作或加热不当等，导致锻件形状不完整、流线不顺、金属间结合力削弱等，称为模具毛坯的锻造缺陷。主要有以下两个方面。

①表面缺陷。裂纹（龟裂、切边裂缝）、折叠、鳞皮、凹坑、氧化膜、脱碳、增碳等。

②内部缺陷。过热、过烧、疏松、组织偏析、流线不顺、流线走向和分布不合理等。

锻造缺陷不仅直接破坏了锻件金属的连续性，成为应力集中源和破断源，直接导致模具在使用过程中失效；而且锻造组织缺陷如锻造过热、过烧、脱碳、疏松等，均会降低锻件抗失效性能。如过热会使锻件机械性能显著下降，尤其是塑性和冲击韧性，且会造成模具脆性断裂。再如，流线的走向和分布，钢在锻造加工时，内部的非金属夹杂物随着金属的塑变流动而延伸，在其低倍组织中形成明显的流线，流线会引起模具锻坯的各向异性，即顺着流线方向上的力学性能明显高于横向，对于重载模具，若它承受最大拉应力的方向与流线方向垂直，则很容易发生模具的早期劈裂失效。

为了改善锻件的加工工艺性能，细化晶粒，消除锻造后的残余内应力和锻造组织的某些缺陷，并为淬火做好组织准备，必须对锻件进行预备热处理，包括球化退火、正火、调质处理，这样有利于提高模具的抗失效能力。

2. 模具的冷加工缺陷对失效的影响

模具制造一般要经过切削加工、磨削加工、线切割和电火花加工。这些加工中的质量问题，尤其是加工表面的质量，在模具的工作过程中，也会显著地影响模具的耐磨性、断裂抗力、疲劳强度和热疲劳抗力等。

（1）切削加工缺陷对模具失效的影响

金属零件在切削加工时，由于刀具的几何形状、切削用量、工件材质及冷却条件等因素的影响，往往会产生表面粗糙的刀痕、鳞刺、机械碰伤和加工引起的冷作硬化及残余应力等缺陷。

1）表面粗糙度对模具失效的影响

模具主要工作零件的材料一般都是强度较高的钢，若加工条件不当，则加工后的表面会产生异常纹理（微小裂缝），疲劳试验证明它就是疲劳源，从而导致模具早期疲劳失效。

2）表面深沟痕对模具失效的影响

切削加工中，由于积屑瘤的作用，会使加工表面产生深沟痕，在模具使用中，将成为应力集中源，从而导致模具的断裂失效。

3）表面鳞刺对模具失效的影响

在中等切削速度下加工塑性金属，零件表面会产生鳞片状毛刺，在模具使用中，也将成为应力集中源，从而导致模具的疲劳断裂失效。

4）剧烈过渡对模具失效的影响

零件过渡处的圆角半径太小或连接不平滑，尤其是横截面发生急剧的变化，会在局部发生应力集中，从而产生裂纹并扩展成疲劳裂缝，最终导致模具疲劳断裂失效。

5）机械碰伤对模具失效的影响

在零件的制造过程中，零件表面相撞擦伤、碰伤、压伤等，在模具工作过程中，也会成为应力集中源，从而导致模具的断裂失效。

（2）磨削加工缺陷对模具失效的影响

模具工作零件通常要求较高的表面硬度、加工精度和表面质量。如果零件在结构上允许的话，一般零件经最终热处理后，要进行磨削加工。在磨削过程中，砂轮和工件的接触区将产生大量的磨削热，若散热不好的话，会产生一些磨削缺陷：表面烧伤、表面裂纹、表面损伤、表面残余应力等。

1）表面烧伤对模具失效的影响

磨削烧伤表现为被磨削表面呈现明显色彩的斑点状、块状、带状、点片状、线状或螺旋线状、鱼鳞片状，或者整个表面都呈变色的烧伤痕迹。可以从所呈现的颜色来判别其烧伤温度，例如，深黄色相当于 $500\sim600℃$ 的温度；褐色相当于 $700\sim800℃$ 的温度；蓝黑色则可能达到相变以上的温度。

表面烧伤是一种严重的表面缺陷，在模具工作过程中，表面易剥落，产生微观裂纹并扩展成疲劳裂缝，导致模具的疲劳断裂失效。

2）表面裂纹对模具失效的影响

磨削表面裂纹一般垂直于磨削方向，呈直线分布并彼此基本平行；也有少部分呈网状分布。这些裂纹将成为应力集中源，引起模具的疲劳断裂失效。

3）表面残余应力对模具失效的影响

磨削表面的残余应力，一般表现为拉应力。磨削加工中，由于较多的磨削热，而使得工件局部表面温度升高，工件就要产生热膨胀。由于工件表层与表层下部分温度梯度大，表层的下部尚处于冷态，抑制了表层继续膨胀，从而处在高温下的表层就会产生很大的压应力，当这种压力超过了工件材料当时温度下的屈服强度时，局部表层就会产生塑性变形，温度越高，屈服强度越低，塑性变形就越容易。这一部分在随后冷却时，体积收缩，产生残余拉应力；另外，表层金属在急剧高温与冷却作用下，还会造成表层组织变化产生相变应力。较大的残余应力，会使表层的断裂韧度降低，从而形成裂纹，引起模具的疲劳断裂失效。

4）表面损伤对模具失效的影响

磨削时，工件表面、次表面由于受到磨削热和磨削力的作用，引起表面组织硬度和应力状态发生变化，导致表面回火损伤或淬硬损伤，统称为磨削变质。其变质层厚度一般在几十微米内变化，越接近表面层，回火析出的碳化物越多，颗粒越大，抗腐蚀能力越弱。结果是在模具使用中，造成模具表面快速磨损或表面脱落，使模具过早失效。

（3）电加工缺陷对模具失效的影响

模具的电加工主要应用于淬火件工作型腔的加工，凸、凹模的加工及尖角处的加工。它不受工件硬度的限制，是目前模具制造的一种重要手段。应用最广的是线切割加工和电火花加工两种。

1）线切割加工缺陷对模具失效的影响

金属零件在线切割加工过程中，由于线切割加工的特点，往往会产生应力破裂和表层组织发生变化等缺陷。

淬硬件在线切割过程中，易在内腔尖角、薄壁或材料缺陷等部位产生裂缝；同时，由于线切割过程中工件表面产生极大的切割应力，而在工件表面产生微细的网状裂缝，这些都会成为应力的集中源，从而造成模具的疲劳断裂失效。

工件在切割过程中，由于大电流线切割引起表层瞬时高温并迅速冷却，导致金属表面有 0.015～0.3mm 的白亮层和回火组织。尤其是最表层是在极高温度下熔化再凝固的一层金属，具有铸态组织，性质极脆，此层厚度仅几微米且不均匀，不易发现，在模具工作过程中，易产生应力集中并形成裂纹，从而造成模具的疲劳断裂失效，如图 2.4-1 所示。

图 2.4-1　线切割加工开裂的模具

2）电火花加工缺陷对模具失效的影响

电火花加工广泛应用于加工型腔及各种异型孔，电火花放电的瞬时温度很高，使被加工表面层金属快速熔化又快速凝固，且产生组织应力和热应力。严重时会出现微观裂纹，产生应力集中，造成模具的失效。

电火花加工中的加工缺陷主要有淬硬层内部龟裂、淬硬层局部过烧和重熔、淬硬层不均匀。

淬硬层内部龟裂是指在工件加工中，由于电火花加热速度快、温度高，又在煤油中冷却产生相变，故组织应力和热应力大，易产生龟裂（网状裂缝、脆性剥落与空穴等），从而引起模具的疲劳断裂及磨损失效。

淬硬层局部过烧和重熔是在工件加工中，由于电流密度过大，电火花加工时间过长形成的，淬硬层皮下层有过烧重熔疤瘤物，网状裂缝的连续程度由表面层向内侧递减。过烧和重熔越严重，在模具工作过程中，应力集中就越严重，裂纹扩展越快，越容易造成模具的早期疲劳断裂失效。

淬硬层不均匀是指工件在加工过程中，由于各种工艺参数的影响，造成淬硬层厚度不均匀，从而带来残余应力分布不均，并易引起应力集中。若应力集中不能通过工件材料的变形来降低，局部应力超过了材料的屈服极限，则会在工件加工面上产生龟裂。

3. 模具的热处理缺陷对模具失效的影响

模具的热处理质量对模具的性能与抗失效能力影响很大。因为热处理的效果直接影响着模具用钢的硬度、耐磨性、抗啮合性、回火稳定性、耐冲击及抗腐蚀性，这些都是与模具的抗失效能力直接有关的性质。根据模具失效原因的分析统计，热处理不当引起的失效占50%以上。实践证明高性能的模具材料必须配以正确的热处理工艺，才能真正发挥材料的潜力。

通过热处理可以改变模具工作零件的硬度，而硬度对模具的抗失效能力的影响是很大的，但并不是硬度越高，模具寿命就越长。这是因为硬度与强度、韧性及耐磨性等有密切的关系，硬度提高，韧性一般要降低，而抗压强度、耐磨性、抗吸合能力则有所提高。有的冲模要求硬度高、寿命长，例如，采用 T10 钢制造硅钢片的小冲孔模，硬度为 56~58HRC 时只冲几千次制件毛刺就很大，如果将硬度提高到 60~62HRC，则刃磨寿命可达到 2~3 万次。但如果继续提高硬度，则会出现早期断裂。有的冲模则硬度不宜过高，例如，采用 Cr12MoV 制造六角螺母冷镦冲头，其硬度为 57~59HRC 时模具寿命一般为 2~3 万件，失效形式是崩裂，如将硬度降到 52~54HRC，寿命则提高到 6~8 万件。由此可见，热处理应达到的模具硬度必须根据冲压工序性质和失效形式而定，应使硬度、强度、韧性、耐磨性、疲劳强度等达到特定模具成形工序所需的最佳配合。

模具工作零件，在加工过程中，为了达到模具产品的图纸设计要求，大多要经过几次热处理，如退火、人工时效、调质、淬火等。如果热处理操作不当，会带来热处理缺陷，如氧化、脱碳或表面增碳、过热、过烧、硬度不足、淬火软点、黑色断口、脆性、麻点、淬火裂纹、热处理变形等。这些缺陷将严重影响模具的承载能力，引起模具的早期失效。

（1）氧化、脱碳或表面增碳对模具失效的影响

模具热处理加热过程中，如果不采取适当措施，钢件超过一定温度后就会发生氧化、脱碳或表面增碳。氧化与脱碳都是钢与氧气或其他氧化性气体相互作用的结果，氧化会使表面形成氧化皮，使钢件产生腐蚀失效；脱碳会降低钢的淬火硬度、耐磨性和疲劳强度，从而造成模具的早期磨损失效。

表面增碳，对模具也不利，不管是冷作模具，还是热作模具。冷作模具表面含碳量过高，易出现崩刃、尖角崩落等失效形式；热作模具表面碳量过高，会降低工件冷热疲劳抗力，易产生冷热疲劳裂纹。

（2）过热和过烧对模具失效的影响

过热是指由于工件加热温度过高或高温下加热时间过长引起晶粒粗化的现象。它会降低钢的屈服强度、塑性、韧性和疲劳强度，增加淬火变形倾向和淬火开裂倾向，易产生沿晶失效。

过烧是指加热温度远远超过了正常的加热温度，以致晶界出现熔化和氧化的现象，变形

十分严重，性能急剧降低，模具只能报废。这种缺陷多见于碳化物偏析严重的高碳高合金钢的高温淬火加热。

（3）淬火硬度不足对模具失效的影响

淬火硬度不足，达不到图纸规定的技术要求，会使得模具在工作过程中，磨损较快，造成模具的早期磨损失效。其形成原因主要有以下几个方面。

①加热温度不够或保温时间不够，使奥氏体合金化不足，甚至没有完成全部相变。

②淬火温度过高，会使残余奥氏体量较多，造成硬度降低。

③淬火冷却速度不够，使得部分奥氏体发生了分解，而不能形成足够数量的马氏体。

④回火温度偏高或保温时间太长，造成硬度降低。

⑤表层脱碳，淬火不易形成马氏体，或只形成低碳马氏体，造成硬度下降。

（4）淬火软点对模具失效的影响

淬火软点是指钢件淬火后局部呈点状未硬化的小区域。软点的存在，会造成零件各处硬度不均，软点处往往是模具破断失效的起源处。软点形成的原因主要有以下几个方面。

①模具钢化学成分偏析严重，退火质量不好，组织不均匀，尤其是含碳量不均。

②模具加热时表面有氧化皮、锈斑和局部脱碳。

③使用的冷却介质达不到足够强烈的冷却效果。

④冷却时模具局部互相接触。

⑤冷却介质使用过久，杂质过多。

⑥碱浴水分过多。

⑦大尺寸模具淬入冷却介质中没有作上下和左右的往复运动，致使凹模型腔或厚薄交界处黏附气泡，降低了此部位的冷却速度。

（5）黑色断口对模具失效的影响

黑色断口是高碳工具钢（T10～T13）易出现的缺陷，是钢产生石墨化的特征。在以后淬火时容易出现硬度不均匀和裂纹，造成模具的早期疲劳断裂失效。这种缺陷的产生原因主要有以下几个方面。

①炼钢脱氧时用了过量的铝和硅。

②退火时，温度过高或保温时间过长及冷却缓慢。

③对原来具有马氏体组织的钢材进行了长时间的退火。

④重复退火次数过多，钢中析出渗碳体和珠光体，并进而从渗碳体中析出石墨，在石墨周围出现大块的铁素体。

⑤锻造或轧制终止温度过高，随后冷却又太慢。

（6）脆性对模具失效的影响

脆性是指钢在热处理过程中出现冲击韧性降低的现象，易引起模具的早期断裂失效。其产生原因主要有以下几个方面。

①钢材中存在严重的非金属夹杂物，如氧化物、碳化物、硫化物偏析、点状不变形的硅酸盐等。

②碳化物分布不均匀，如碳化物呈网状、带状、聚集、堆聚。

③原始组织片大。

④淬火加热温度过高，或高温停留时间太长。

⑤回火温度偏低，回火时间偏短。

⑥在回火脆性区回火。

（7）表面腐蚀（麻点）对模具失效的影响

金属零件在盐浴炉加热后，往往会产生表面腐蚀的现象。由于表面腐蚀后，形成斑斑点点的表面，所以也称麻点。这些麻点有可能成为应力集中源，造成模具的疲劳断裂失效。麻点的产生原因主要有以下几个方面。

①当零件在盐浴炉中加热时，被氯盐分解或水氧反应生成的气体所氧化。

②盐浴中碳酸盐或硫酸盐的含量过高。

③零件上有铁锈。

④淬火或回火后，表面残剩有氯盐，因吸水潮解而引起电化学腐蚀。

⑤回火硝盐中氯盐含量过高。

⑥在盐浴中加热合金钢时，确有合金元素溶于盐浴中。铬和它的氧化物最易溶解，脱铬之后变成斑斑点点的孔状表面。

⑦搁置时间过长，而又没有采取防锈措施。

（8）淬火裂纹对模具失效的影响

淬火裂纹是影响模具早中期失效的关键因素之一。其产生原因主要有以下几个方面。

①原材料内有显微裂纹。

②未经预热而使用过急的加热速度。

③冷却介质选择不当，冷却速度过于剧烈。

④在 Ms 点以下，冷却速度过大。

⑤多次淬火而中间未经充分退火。

⑥淬火后未及时回火（热锻模及高合金钢模具尤为突出）。

⑦回火不足或在回火脆性区域回火。

（9）热处理变形对模具失效的影响

热处理变形可分为体积变形（尺寸）和形状变形，变形的原因是淬火和回火时，产生的热应力、残余应力及组织应力。模具变形对模具失效影响很大，尤其是精密配合的模具，严重的变形，会造成模具的早期失效。

1）热应力及其所引起的变形

模具在加热和冷却过程中，尤其在强烈的淬火冷却时，由于表面和心部之间或不同截面尺寸的各部分之间的温度差而引起胀缩量不一致，从而在不同的胀缩区之间产生了相互牵制的应力，即热应力。如果模具淬火冷却时，表面层冷却速度较大，温度较低、收缩量较大，对心部产生压应力，但心部仍保持膨胀状态或收缩量较小，使表面层不能自由收缩而产生拉应力。当热应力的值超过材料的屈服强度时即产生塑性变形，称为热应力变形。

实践表明，热应力变形的结果是使轴形模具零件的长度收缩而直径变粗；使圆盘形模具零件的直径收缩而厚度增加；使圆环形模具零件的外径和内孔收缩而厚度增加；使立方体形模具零件的棱角收缩而平面凸起。总之，热应力变形使模具零件趋于球形，如图 2.4-2 所示。

在热应力的作用下，轴形件沿长度方向收缩、圆盘形件沿直径方向收缩等，反映了不同形状模具变形最大的方向，称为变形主导方向。改变模具的形状和尺寸，就会改变模具内的应力分布，使变形主导方向转移，从而改变模具的变形形态。

2）组织应力及其所引起的变形

钢制模具在热处理时会发生相变，而不同的组织具有不同的比体积。模具在加热和冷却过程中，尤其是在强烈的淬火冷却时，由于不同部位达到相变温度的时间不一致，相变不同时，导致了某瞬时各部位的相组成不同，体积变化不等，产生了相互牵制的应力，即组织应力。如果钢模具零件淬火冷却时，表面层先冷至 Ms 点以下，则会发生马氏体相变，体积和线尺寸胀大，对心部奥氏体组织区施加拉应力；反之，心部未相变区对表层的胀大起牵制作用，使表层产生压应力。在组织应力的作用下，塑变抗力较小的奥氏体组织区将会产生塑性变形，即组织应力变形。

实践表明，在同一模具上，组织应力变形和热应力变形的主导方向一致，而变形的符号相反。组织应力变形的结果使模具的棱角部位更加凸出，其变形特征与热应力变形所描述的一样，如图 2.4-2 所示。

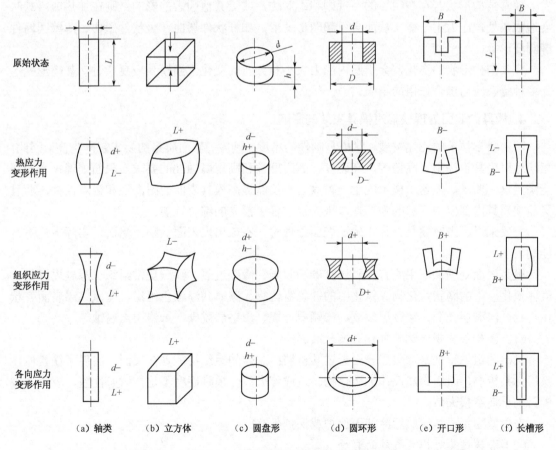

图 2.4-2 模具热处理变形特征分类

3）相变引起的体积变化

钢制模具零件在热处理过程中会发生相变，相变前后比体积差会引起模具零件的体积改变。其变化量与相变前后组织中的相组成、成分及相对量有关。例如，钢在淬火时，组织由奥氏体转变为马氏体或下贝氏体使体积胀大，组织中的残余奥氏体要比淬火前的原始组织体积小。淬火钢在回火时，由于淬火马氏体转变为回火马氏体或回火索氏体引起体积缩小，残余奥氏体转变为回火马氏体或下贝氏体引起体积胀大。对于时效硬化钢，由于时效过程主要是微小粒子从过饱和固溶体中析出，所以其体积有所收缩。

体积变化与应力变形相比，有着本质不同的特点。应力变形有明显的方向性，在主导方向上的胀大或缩小，必然会造成非主导方向上相应的缩小或胀大，而体积变化表现在各个方向的尺寸变化率是相同的；应力变形的总变形量可随着重复的热处理操作（使内应力重复作用）的次数增多而增大，而体积变化则不因重复的相变而改变。

在生产实践中，纯粹的体积变化很少见到。多数模具的热处理变形，都包含热应力变形、组织应力变形和相变引起的体积变化，或者说是这几种变形综合作用的结果。只因模具的材料、形状、尺寸及热处理工艺方法不同，各种变形在每一个具体模具上的表现程度不同。

4）畸形变形

模具结构形状若存在明显的不规则和不对称，或受其他因素的影响，则在加热或冷却时会造成热处理应力不平衡，从而会引起畸形变形，如杆状件弯曲、极状件翘曲、薄壁圆筒件椭圆变形等。

模具结构形状的变化，会引起内应力大小和分布的变化。当模具较复杂时，其畸形变形是多种复杂应力综合作用的结果。

4. 模具的表面处理缺陷对模具失效的影响

随着科学技术的迅速发展，对模具制件的精度、硬度、表面质量的要求越来越高，因此，相应地对模具也提出了高精度、高硬度、高耐磨性和高耐腐蚀性的要求。表面处理技术恰巧能满足这一要求，把这一技术应用于模具，不仅能提高模具表面的耐磨性和耐腐蚀性，而且又能使模具内部保持足够的强韧性，极大地改善了模具的综合性能。

一般来讲，当对模具进行正确地表面处理时，不该出现表面缺陷。然而，实际上是不可能的。

模具表面处理缺陷主要有渗碳层贫碳和脱碳、渗碳过热、渗碳反常组织、渗碳内氧化、气体氮化层中的网状氮化物、氮化中的针状氮化物、碳氮共渗黑色组织、碳氮共渗表面壳状化合物、渗硼层孔洞、渗硼层裂纹、渗硼层过烧、渗铬层脱碳、渗铬层点腐蚀等。

（1）渗碳层贫碳和脱碳对模具失效的影响

贫碳的组织特征是渗碳层表面无过共析层；脱碳的组织特征是在表面层出现了铁素体，次层为共析层，组织为屈氏体加碳化物。造成淬火后，模具硬度不足，耐磨性差，容易形成模具的早期磨损失效。

产生原因主要是渗碳后冷却无保护或保护不够。

（2）渗碳过热对模具失效的影响

渗碳过热的组织特征表现在奥氏体晶粒粗大，渗碳体呈针状魏氏组织形貌。由于晶粒粗大，渗层脆性增加，在模具使用中，容易造成表层剥落，加速模具磨损失效。

（3）渗碳反常组织对模具失效的影响

　　渗碳反常组织的特征是在渗层的过共析区内，网状渗碳体不是直接与片状珠光体接触，而是隔着一条较宽的铁素体区。在随后的淬火加热时，由于渗碳体粗大不易溶解，会造成奥氏体局部贫碳而产生软点，也由于网状渗碳体的存在，容易产生磨削裂纹，在模具使用中，容易造成模具的疲劳断裂失效。

　　产生原因主要是出炉空冷过程中，最表层过共析区与空气接触，发生氧化脱碳。此时二次渗碳体已沿奥氏体晶粒析出，而零件表面的脱碳过程也由表向里扩展，所以冷却后，造成了网状渗碳体周围存在较多铁素体组织的反常组织。

　　（4）渗碳内氧化对模具失效的影响

　　渗碳内氧化的特征是氧与合金元素把晶粒边界氧化，这种缺陷在使用固体渗碳剂和液体渗碳剂时常出现。原因在于渗碳剂中含有不纯物质硅酸盐；当材料含有与氧亲合力强的元素时（如 Ti、Al、Cr、Mn、Mo、Si 等）就更容易引起内氧化，形成金属氧化物。其结果是，合金元素减少，降低了钢的可淬性，有助于珠光体的形成，使硬度降低，严重的还会使工件表面产生剥离，耐磨性及疲劳强度都有不同程度的下降，从而使模具容易产生磨损及疲劳失效。

　　（5）气体氮化层中的网状氮化物对模具失效的影响

　　合金在氮化过程中，因氮化温度过高，氨气含水量过多，调质淬火温度过高而造成的晶粒粗大，工件尖角等都可能形成网状和脉状氮化物。其结果是严重影响氮化质量，使氮化层脆性增加，耐磨性和疲劳强度下降，在磨削和使用过程中，容易产生裂纹和脱落。从而使模具过早地因磨损和断裂而失效。

　　（6）氮化中的针状氮化物对模具失效的影响

　　在氮化中，化合物与过渡层之间出现针状氮化物，是高氮的 ε 相 γ 相。这些针状氮化物沿着原铁素体的晶界成一定角度平行生长，它与渗氮前的原始组织有关；如果原始组织中有大块铁素体存在，或者表面严重脱碳，则容易出现针状组织。

　　此针状组织使化合物层变得很脆，容易剥落。使模具在工作过程中，形成磨损和疲劳失效。

　　（7）碳氮共渗黑色组织对模具失效的影响

　　碳氮共渗后，在几十微米的渗层内会出现许多小黑点或小黑块，呈不连续分布；或相连成网状直通表面，形成黑色网状组织；或者出现索氏体黑色网带，这三类组织统称为黑色组织。黑色点状组织一般出现在 0.1mm 的表层内，在抛光后未经浸蚀的试样中即可观察到，呈斑点状分布，有时呈网状。经观察表明：黑色斑点主要由大小不等的孔洞组成；黑色网状组织是由合金元素氧化物、索氏体、贝氏体等组成的混合物，一般为黑色网状分布在表层的一定深度内，试样经抛光不腐蚀就可以看到黑色网状组织，经腐蚀后更加明显，且在最外层出现黑色带，主要是由内氧化引起的。

　　碳氮共渗黑色组织的形成，其结果是大大降低了工件的表面硬度、耐腐蚀性、抗弯疲劳强度和接触疲劳强度，使模具在使用过程中，造成过早的失效。

　　（8）碳氮共渗表面壳状化合物对模具失效的影响

　　在碳氮共渗过程中，若滴量过大，或者共渗温度偏低，或者供氨量较高，致使介质的碳氨浓度过高，扩散速度较慢，表面会形成一层坚硬的壳状白色化合物[$Fe_3(CN)$]薄层。由于壳状化合物层极脆，大大降低了模具的承载能力，使模具在使用过程中，造成过早的失效。

（9）渗硼层孔洞对模具失效的影响

渗硼层孔洞多集中在硼化物层外表面，硬度较低，耐磨性较差，而且孔洞边缘有时还有裂纹，它在模具使用过程中，极可能发展成宏观裂纹，使渗层龟裂或剥落。中低碳钢，特别是硅钢，渗硼层中的孔洞较多。另外渗硼剂活性不足、渗硼剂中有水分、工件表面锈蚀等，都能使渗硼层表面孔洞增多。

（10）渗硼层裂纹对模具失效的影响

裂纹是指未服役前工件渗硼层中的原生裂纹。主要形成原因有以下两个。

①FeB 和 Fe_2B 两相比容和线胀系数的差异所造成的应力导致裂纹的形成，此种裂纹沿两相界面横向延伸。双相层和有断续 FeB 针的渗层都容易产生此种裂纹。

②硼化物与基体钢材的比容和线胀系数不同，因此在工件热处理时容易产生应力，导致裂纹的产生。所以渗硼件最好不再进行热处理，因为剧烈的淬火冷却会萌生裂纹，此类裂纹垂直于表面，止于基体；孔洞也可扩散成裂纹，回火可使应力松弛，裂纹尖端钝化，但不能消除已经形成的裂纹。

（11）渗硼层过烧对模具失效的影响

工件渗硼后加热淬火，如果因炉温波动，工件实际加热温度超过 1100℃时，渗硼层将出现过烧。过烧时，在硼化物层与扩散层界面上首先熔化，生成 γ 相+Fe_2B 共晶体，凝固后体积收缩，出现疏松。过烧后的渗硼工件表面变得粗糙，薄件甚至会断裂。

（12）渗铬层脱碳对模具失效的影响

中、高碳钢及合金钢在气体渗铬时，特别是在通氢渗铬时，不但会在扩散层下面出现明显的低碳区，而且在边角部位会严重脱碳，使表层铬铁碳化物逐步变薄，铬铁碳化物层下面出现铬铁素体柱状晶，柱状晶晶内和晶界有不同数量的铬铁碳化物残留，越接近边角，渗铬层中铬铁碳化物层越薄，铬铁素体层越厚，越接近低碳钢的渗铬组织。模具渗层边角脱碳对模具耐磨性有很大影响，因此模具应尽可能采用固体渗铬方法渗铬。

（13）渗铬层点腐蚀对模具失效的影响

采用氯化铵作为渗铬活化剂，且工件表面吸附了很多氯粒子（或氯素粒子）后，很难清洗，为渗铬工件留下了隐患。

低碳钢渗铬，常常在渗层的铬铁素体晶界上出现很粗的 $(Cr、Fe)_{23}C_6$ 相，两侧出现严重的贫碳区。低碳钢固体渗铬层表面一般都被 $(Cr、Fe)_{23}C_6$ 相和 $Cr_2(C、N)$ 相所覆盖，如果覆盖层非常完整，工件抗腐蚀性能就会很高，但是如果表面出现 $(Cr、Fe)_{23}C_6$+α 双相层，则抗腐蚀性能将下降，原因是两相组织在含氯粒子的溶液中会导致电化学腐蚀，形成点腐蚀。

高碳钢气体渗铬后，表层也会出现 $(Cr、Fe)_{23}C_6$+α 双相层，两相组织的出现，同样会导致高碳钢渗铬层抗腐蚀性能的下降。另外高碳钢渗铬层晶粒很细，表面也不平滑，容易吸附氯粒子且不易清除，也是影响渗铬工件抗腐蚀性能的重要因素。一般来说，固体渗铬工件的抗蚀性能都比同样材料的气体渗铬工件的抗蚀性能高。不加氯化铵作活化剂的渗铬件和钛钢的渗铬层抗蚀性能特别好。

5. 模具的装配缺陷对模具失效的影响

模具零件加工好以后，就要进行模具的装配。尽管零件的加工质量得到了保证，但如果装配质量不好的话（如冲裁模，凸、凹模刃口间隙不均，固定不牢；导柱、导套滑动不灵活，固定不牢；主要工作零件表面有夹杂物等），轻者会降低制件质量，增加模具工作压力，重者可能会造成模具零件的严重破坏，如导套、导柱崩裂，凸、凹模断裂，模架变形等，而造成模具的过早失效。

知识链接

● 模具生产车间图，如图2.4-3、2.4-4所示。

图 2.4-3 模具制造车间

图 2.4-4 模具装配车间

机械模具厂安全生产操作规程（摘录）

一、机加工车间安全操作规程

1. 在开始实习前，必须穿好工作服，扣紧袖口，头发较长的工人一律戴帽子，不准戴手套、围巾进行工作，毛衣必须穿在里面，以免被卷入机床旋转部分，发生事故。

2. 未能了解机床性能或未经指导同意，不得任意开动机床进行工作。

3. 工作前必须先把刀具、工件夹得牢固可靠。

4. 按照螺母或螺钉头的大小选用合适扳手，扳手用完后必须取下（特别是运转部分）。

5. 不准把任何刀具、量具、工件及其他东西放在机床床面上或产生运动的部分。

6. 两人或两人以上，同在一台机床上进行工作时，必须分工明确，彼此照顾。特别是在开动机床时，开车者必须向他人声明开车。

7. 开车前必须注意下列事项：

（1）用手试动车头、刀架、工作台及其他运转部分，在工作时是否会彼此碰撞或受到阻碍。

（2）检查各手把是否已放在一定位置。

（3）一切防护装置必须盖好、装牢。

（4）不准把刀具先切在工件上再开车。

（5）把开车前的一切准备工作做好后必须请实习指导技工检查一遍才能开车。

8. 开车后必须注意下列事项：

（1）不要用手接触工件、刀具及机床其他运转部分，身体也不要在机床上。

（2）不准用棉纱或其他东西擦拭机床和工件（必要时必须停车）。

（3）进刀时必须缓慢小心，以免损坏刀具或机床。

（4）切削时头不要与工件太接近，切实注意，不可在正对切屑飞出方向来观察加工。

（5）机床运转时不可变换速度。

（6）切下之切屑（特别是带状切屑）不要用手去清除，以免割破手指。

（7）如遇刀具断裂、电动机、机床发生不正常音响或漏电及操作发生故障时，立即停车并报告指导技工及时处理。

（8）机床开车后，若电动机不转，应立即关闭机床电源，以免烧坏电动机。

9. 实习时必须全神贯注，尤其在机床自动走刀时应特别注意，严禁不停车就离开工作地点。

10. 工作完毕，必须整理好工具并把机床打扫干净，并对机床加油润滑。

二、钳工操作规程

1. 掌握钳工工具的安全操作方法，使用手锤、大锤不准戴手套。

2. 工作台间两边凿铲物中间加安全网，平面工作台要一面靠墙作业。

3. 检修设备要放置稳固，高空要系安全带。

4. 设备试运转应严格按照各项安全技术措施进行。

5. 物件拼装、摆放、移动、翻身时撬杠支点要垫稳，滚动、滑动时前后不可站人。

6. 在倒链吊起的部件下检修，组装时应将链子打结保险，并用道木或支架垫稳。

7. 设备浇灌的场地要通风良好，严禁烟火。

三、钳工（维修、装配）操作规程

1. 使用锉刀、刮刀、手锤、台钳等工具前应仔细检查是否牢固可靠，有无损裂，不合格的不准使用。

2. 凿、铲工件及清理毛刺时，严禁对着他人工作，要戴好防护镜，以防铁削飞出伤人。使用手锤时禁止戴手套。不准用扳手、锉刀等工具代替手锤敲打物件，不准用嘴吹或手摸铁削，以防伤害眼和手。刮剔的工件不得有凸起、凹进和毛刺。

3. 用台钳夹持工件时，钳口不允许张得过大（不准超过最大行程的2/3）。夹持原件或精密工件时应用铜垫，以防工件坠落或损伤工件。

4. 钻小工件时，必须用夹具固定，不准用手拿着工件钻孔，使用钻床加工工件时，禁止戴手套操作。使用砂轮机要按砂轮机的安全操作规程进行。

5. 用汽油和挥发性易燃品清洗工件，周围应严禁烟火及易燃物品，油桶、油盘、回丝要集中堆放处理。

6. 使用扳手紧固螺钉时，应检查扳手和螺钉有无裂纹或损坏，在紧固时，不能用力过猛或用手锤敲打扳手，大扳手需要套管加力时，应该特别注意安全。

7. 使用手提砂轮前，必须仔细检查砂轮片是否有裂纹，防护罩是否完好，电线是否磨损，是否漏电，运转是否良好。用后放置安全可靠处，防止砂轮片接触地面和其他物品。

8. 使用非安全电压的手电钻、风动砂轮时，应戴好绝缘手套，并站在绝缘橡皮垫上。在钻孔或磨削时应保持用力均匀，严禁用手触摸转动的砂轮片和钻头。

9. 使用手锯要防止锯条突然折断，造成割伤事故；使用千斤顶要放平提稳，不顶托易滑地方以防发生意外事故，多人配合操作要有统一指挥及必要安全措施，协调行动。

10. 使用电剪刀剪铁皮时，手要离开侧刀口，剪下边角料要集中堆放，及时处理，防止刺戳伤人；带电工件需焊补时，应切断电源施工。

11. 维修机床设备，应切断电源，取下熔断器并挂好检修标志，以防他人乱动，盲目接电，维修时局部照明用灯，应使用低压（36V 以下）照明灯。

12. 不得将手伸入已装配完的变速箱，在主轴箱内检查齿轮、检查油压设备时禁止敲打。

13. 高空作业（3m 以上）时，必须戴好安全带，梯子要有防滑措施。

14. 使用硫酸、盐酸等腐蚀剂时要戴好口罩，耐腐蚀手套，并防止腐蚀剂倒翻。操作时要小心谨慎，防止外溅。

15. 设备检修完毕应检查所带工具是否齐全，在确认没有遗留在设备里时，方可启动机床试车。

四、剪板机及折弯机安全操作规程

1. 剪板机应有专人负责使用和保管。操作者必须熟悉机床的结构、性能。

2. 严禁超负荷使用剪板机。不得剪切淬火钢料和硬质钢、高速钢、合金钢、铸件及非金属材料。

3. 刀片刃口应保持锋利，刃口钝或损坏时应及时磨修或调换。

4. 多人操作时应有专人指挥，配合要协调。

5. 剪板机上禁止同时剪切两种不同规格的材料，不准重叠剪切。

6. 剪板入料时禁止把手放在压板下面操作。剪短料时应另用铁板压住，剪料时手指离开刀口至少 200mm。

7. 用撬棒对线后，应立即将撬棒退出方可剪切，如铁板有走动，应用木枕塞牢，以免压脚下来后撬棒弹出伤人。

8. 剪好的工件必须放置平稳，不要堆放过高，不准堆放在过道上。边角余料及废料要及时清理，保持场地整洁。

9. 折弯机的安全操作须遵守本规程。

五、数控车床安全操作规程

1. 开机前，应熟悉机床的传动系统和各手柄的功用，并检查变换手柄是否在定位位置。

2. 开机后，应检查系统显示、机床润滑系统是否正常；开车预热机床 10～20min 后，进行零点确认操作。

3. 操作机床面板时，只允许单人操作，其他人不得触摸按键。

4. 加工程序编制完成后，必须先模拟运行程序，待程序准确无误后，再启动机床加工。

5. 在自动加工过程中，禁止打开机床防护门。

6. 刀架换刀时，必须先将刀架移至安全位置再换刀。

7. 发生紧急情况时，必须立即按急停开关（红色）并等技术人员来处理。

8. 下班前要清除铁屑，擦净机床。首先按下急停开关，然后关闭系统电源，最后关闭机床总电源。

9. 禁止未经培训人员操作本机床；未经管理人员许可，禁止操作本机床。

10. 必须严格按《机械加工人员安全规程》操作。

六、砂轮机安全操作规程

1. 砂轮机要有专人负责，经常检查，以保证正常运转。

2. 使用前应检查砂轮是否完好（不应有裂痕、裂纹或伤残），砂轮轴是否安装牢固、可靠。砂轮机与防护罩之间有无杂物，是否符合安全要求，确认无问题时，再启动砂轮机。

3. 操作者必须戴上防护眼镜。

4. 砂轮机严禁磨削铝、铜、锡、铅及非金属。

5. 砂轮机启动后，要空转二三分钟，待砂轮机运转正常时，才能使用。

6. 使用砂轮机时，人不得直对砂轮运转方向。

7. 磨工件或刀具时，不能用力过猛，不准撞击砂轮。

8. 在同一块砂轮上，禁止两人同时使用，更不准在砂轮的侧面磨削，磨削时，操作者应站在砂轮机的侧面，不要站在砂轮机的正面，以防砂轮崩裂，发生事故。

9. 砂轮不准沾水，要经常保持干燥，以防湿水后失去平衡，发生事故。

10. 砂轮磨薄、磨小、使用磨损严重时，不准使用，应及时更换，保证安全。

11. 砂轮机用完后，应立即关闭电门，不要让砂轮机空转。

七、冲床安全操作规程

1. 冲床工必须经过学习，掌握设备的结构、性能，熟悉操作规程并取得操作许可方可独立操作。

2. 正确使用设备上安全保护和控制装置，不得任意拆动。

3. 检查机床各传动、连接、润滑等部位及防护保险装置是否正常，装模具螺钉必须牢固，不得移动。

4. 机床在工作前应作空运转二三分钟，检查脚闸等控制装置的灵活性，确认正常后方可使用，不得带病运转。

5. 模具要紧牢，上、下模对正，保证位置正确，用手搬转机床试冲（空车），确保在模具处于良好情况下工作。

6. 开车前要注意润滑，取下床面上的一切浮放物品。

7. 冲床启动时或运转冲制中，操作者站立要恰当，手和头部应与冲床保持一定的距离，并时刻注意冲头动作，严禁与他人闲谈。

8. 冲制短小工件时，应用专门工具，不得用手直接送料或取件。

9. 冲制长体零件时，应设置安全托料架或采取其他安全措施，以免掘伤。

10. 单冲时，手脚不准放在手、脚闸上，必须冲一次搬（踏）一下，严防事故。

11. 两人以上共同操作时，负责搬（踏）闸者，必须注意送料人的动作，严禁一面取件，一面搬（踏）闸。

12. 工作结束时及时停车，切断电源，擦拭机床，整理环境。

八、切割机安全操作规程

1. 工作前。

（1）穿好工作服，戴好防护镜，女工长发的将头发盘起并戴上工作帽。

（2）对电源闸刀开关、锯片的松紧度、锯片护罩或安全挡板进行详细检查，操作台必须稳固，夜间作业应有足够的照明。

（3）打开总开关，空载试转几圈，待确认安全后才允许启动。

2. 工作时。

（1）严禁戴手套操作。如果在操作过程中会引起灰尘，要戴上口罩或面罩。

（2）不得试图切锯未夹紧的小工件（即小于 15cm）。

（3）本台切割机只允许切割塑料型材。

（4）不得进行强力切锯操作，在切割前要使电动机达到全速。

（5）不允许任何人站在切割机后面。

（6）不得探身越过或绕过切割机，锯片未停止时不得从切割机或工件上松开任何一只手或抬起手臂。

（7）护罩未到位时不得操作，不得将手放在距锯片 15cm 以内。

（8）维修或更换配件前必须先切断电源，并等锯片完全停止。不得使用额定功率低于 4800r/min 的锯片。

（9）发现有不正常声音，应立刻停止并进行检查。

3. 工作后。

（1）关闭总电源。

（2）清洁、整理工作台和场地。

4. 假如发生人身、设备事故，应保持现场，报告有关部门。

思考题与练习

1. 模具毛坯的锻造缺陷有哪些？其对模具失效有何影响？
2. 模具切削加工中有哪些缺陷？其对模具失效有何影响？如何影响？
3. 磨削加工会产生哪些缺陷？其对模具失效有何影响？
4. 电加工会产生哪些缺陷？其对模具失效有何影响？
5. 模具的热处理工艺会产生哪些缺陷？对失效有何影响？
6. 模具表面处理会产生哪些缺陷？对失效有何影响？

任务五　常用模具失效分析实例

 任务描述

前面，我们就模具失效的四大基本因素即模具结构、模具工作条件、模具材料的性能和模具制造进行了研讨，并在理论上有了一定的认识。这四大失效基本因素的理论分析、模具失效的实际形态与此是否相符，将为本任务的主要取向。

 学习目标

研究与消化本任务所介绍的模具失效几个典型实例，初步学会如何灵活运用失效分析理论来正确剖析失效的事例，从而找到相对应的延缓或防避的对策措施。

 任务分析

各类模具在其特定的工作条件下，经长期使用出现了失效，其失效的实际情况，应符合模具失效的四大基本因素的分析。现通过介绍冷冲模、塑料压模、压铸模及锻压模等几种使用较广泛的模具失效实例，来加深认识其造成失效的主要原因，并验证上述相关理论分析结论。

任务完成

1. 冷作模具失效分析——Cr12 钢冷冲模具断裂分析

金属冷作模具，在工作中因受压力较大，加上模具结构形式、几何尺寸对失效影响敏感，容易引起磨损、塑性变形、折断、胀裂、疲劳等。例如，金属冲模的崩刃，一般是由于刃部侧面磨损引起的碳化物脱落或者被加工材料的黏着力及刃口被剥落等不均匀磨损所产生的缺陷，在冲头冲孔退出时，受到拉力的反复作用以致产生疲劳裂纹，这种疲劳裂纹进一步扩展，就会发生崩刃。

某厂使用的一批 Cr12 钢制变压器硅钢冷冲模常发生早期失效，大部分模具使用一天左右即崩裂，而原先所用冷冲模寿命则在一周以上。这种冷冲模价格较高，模具的早期失效加大了模具的消耗量，增加了产品成本，同时频繁更换模具也严重影响了生产效率。为提高冷冲模质量，我们对模具早期失效原因进行分析。

（1）冷冲模的工作条件与失效形式

图 2.5-1 所示为变压器硅钢片冷冲模凸模和凹模的横截面图及冲压所得硅钢片产品示意图。凸模和凹模联合作用，将单片或黏合在一起的多片硅钢板冷冲剪成图 2.5-1（c）所示的硅钢片，冷冲模刃口承受很大的冲击力和摩擦力作用。由于硅钢片产品外形的需要，冷冲模的 A、B 处只能是尖锐的直角，因此工作时该处的应力集中很大。冷冲模的服役条件要求冷冲模具有一定的韧性、较高的强度和硬度，以避免在使用过程中因韧性不足而早期断裂、强度不足而软塌、硬度不足而不耐磨。冷冲模的正常失效是磨损，本案发现的早期失效方式都是开裂和崩刃。仔细观察此批早期失效的冷冲模可以发现，裂纹基本都位于剪切刃根部 A、B 处，沿模具纵向分布。裂纹走向与冲击运动方向一致，崩刃有的发生于剪切根部，有的在剪切刃上部，如图 2.5-2 所示。

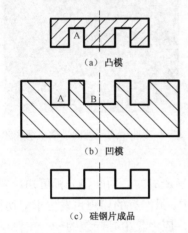

（a）凸模

（b）凹模

（c）硅钢片成品

图 2.5-1　变压器硅钢片冷冲模及产品示意图

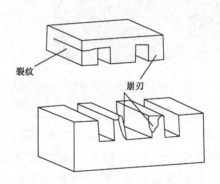

裂纹

崩刃

图 2.5-2　冷冲模失效方式示意图

（2）失效冷冲模性能与组织分析

硬度测试结果表明，失效冷冲模的硬度为 55HRC，对成分进行分析确认模具材料为 Cr12钢。对失效模具进行显微组织观察，可见其组织形态为典型的铸态树枝晶，白亮碳化物以鱼骨状和网状分布于原奥氏体树枝晶间。由于 Cr12 钢含有约 12%的 Cr 和很高的碳 2%～2.3%，属于莱氏体钢，因此这些粗大碳化物为共晶碳化物，沿冷冲模横向的组织较沿冷冲模纵向的粗大（见图 2.5-3）。与经过正常锻造的 Cr12 模具钢的显微组织比较（见图 2.5-4），失效冷冲模组织中共晶碳化物的大小、分布和形态表明，失效模具在机加工前未经充分锻造；失效冷冲模基体中的未溶二次碳化物非常细小，说明淬火加热温度较高，淬火加热时二次碳化物大都溶入基体。模具硬度偏低说明淬火后未经正确回火，高温淬火导致的较高含量残余奥氏体没有充分转变，未出现二次硬化。

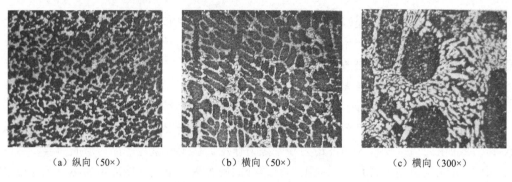

（a）纵向（50×）　　　　　　（b）横向（50×）　　　　　　（c）横向（300×）

图 2.5-3　失效冷冲模的显微组织

对崩裂处的显微观察，可发现崩裂处原裂纹是沿枝晶间鱼骨状和网状碳化物扩展的（见图 2.5-5）。

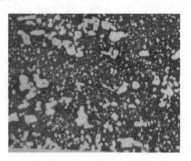
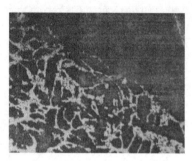

图 2.5-4　正常锻造 Cr12 模具钢的显微组织（400×）　　图 2.5-5　冷冲模崩裂处的显微组织（50×）

（3）早期失效原因分析

通过调查生产过程，确认早期失效不是因操作不当造成的。由断口分析可知，裂纹和崩刃大都起源于剪切刃根部，而此处具有很大的应力集中。虽然有的崩刃也发生于剪切刃上部，但这些部位具有粗大刀痕，应力集中同样很大。显然，应力集中是起裂的一个重要原因，但裂纹的萌生与扩展不仅与应力集中有关，还与材料的韧性密切相关。失效冷冲模的硬度虽然比常规处理的低，但其未经锻造的组织中的大量鱼骨状共晶碳化物与粗大网状、块状碳化物会严重影响材料的韧性，增加脆性，缩短裂纹萌生期，加快裂纹的扩展速度，使裂纹向纵深方向发展。当大块碳化物和鱼骨状共晶碳化物位于剪切刃表面时，由于碳化物本身脆性很大，加上粗大刀痕导致的应力集中，在冲击载荷作用下极易在碳化物处萌生裂纹，并沿碳化物网快速扩展，造成崩裂。淬火温度偏高会导致组织粗大、基体含碳量升高，也会降低基体韧性。另外，前面的组织与性能分析已指出，早期失效冷冲模中的残余奥氏体含量高，在使用过程中，残余奥氏体发生转变，产生内应力，也可能会促进裂纹的萌生。

（4）结论

①Cr12 钢硅钢片冷冲模早期失效的主要原因是毛坯锻造严重不充分，组织中存在大量粗大网状、块状和鱼骨状共晶碳化物，严重降低模具的韧性；同时，模具表面的粗大刀痕与模具结构的固有不足造成的应力集中，也会促进裂纹的萌生。

②对 Cr12 钢制作的冷冲模，毛坯成形时应有足够的锻压比，经多次镦粗、拔长，使共晶碳化物细化、均匀。为进一步提高模具的韧性，在最终热处理前应进行球化退火，并应合

理选择淬火加热温度。采取这些措施后，模具寿命会显著提高。

2. 塑料模具失效分析——线圈架塑料压注模失效分析

（1）模具的工作条件

①模具的形状结构：塑料压注模的形状和尺寸分别如图 2.5-6、2.5-7 所示。

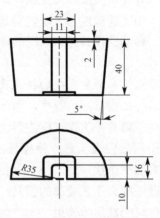

图 2.5-6　线圈架压铸模型腔照片　　　　图 2.5-7　线圈架压注模结构尺寸

②模具材料及加工工艺路线：模具材料为 T10A 工具钢。加工路线为下料→锻造→球化退火→切削加工→淬火回火→磨削→抛光。模具毛坯的始锻温度为 1000℃，终锻温度为 800～850℃。

③模具的热处理工艺：采用常规热处理工艺，即 800℃加热，160℃分级冷却淬火，180℃回火，硬度为 60～62HRC。

④制品材料：酚醛塑料。

⑤工作设备：压力机，工作压力为 450kN，成形压力大于 25MPa，工作温度为 200℃。模具为移动式，需要手工操作。

（2）模具的服役寿命和失效形式

模具的服役寿命不足 2000 件，其主要失效形式为型腔拉毛和棱边堆塌，分别如图 2.5-8 和图 2.5-9 所示。

图 2.5-8　模具型腔拉毛照片（40×）　　　图 2.5-9　模具棱边堆塌照片（50×）

（3）模具失效分析

通过模具硬度检查，可发现型腔表面和棱角处的硬度为 56～58HRC，说明有一定程度的软化。

通过金相显微组织观察，可知模具淬硬层的组织为回火马氏体+粒状渗碳体+少量残余奥氏体。

根据模腔表面硬度降低的现象，可推测出工作温度高于模具的回火温度。原来模具回火不足，工作时受热继续回火过程，即马氏体继续分解，残余奥氏体发生转变，从而在压力作用下产生"相变超塑性"流动，引起棱边堆塌和型腔表面拉毛。

另外，移动式模具经常承受装卸模具时的冲撞作用，也隐存着导致模具开裂、崩角的可能性。

（4）防止模具早期失效的措施及效果

①适当提高模具回火温度，增加回火保温时间。若采用 250℃回火，即高于模具工作温度，就避免了模具在工作过程中继续回火转变，可明显减少堆塌、起皱、拉毛等现象。

②采用两段回火工艺，使模具回火充分，在保持较高硬度的同时改善韧性。其工艺是 200℃×1.5h 回火 1 次，260℃×1.5h 回火 1 次，硬度为 56～58HRC。

经过改进回火工艺处理的模具，未再发生早期棱边堆塌和表面拉毛失效，模具压注线圈架 18000 件，仍能继续使用。

3. 压铸模具失效分析——H13 钢大型压铸模早期开裂失效分析

大型压铸模具在使用中发生脆性开裂，导致模具早期失效的情况是普遍的，其严重影响了工厂生产和经济效益。摩托车左右机匣由铝合金压制而成，其压铸模尺寸较大，型腔复杂，制造周期长，成本高，但使用寿命一般都不高，有的模具仅能压铸 600 多件，甚至有的在试压过程中就发生开裂，与国外同类压铸模使用寿命可达 20～30 万件相比，差距太大。为此，我们对部分早期失效的压铸模具进行了全面分析和检查。

（1）模具的工作条件

1）模具材料及加工工艺路线

模具材料为 4Cr$_5$MoV$_1$Si（H13）钢。硬度为 42～48HRC（现已改为 40～44HRC）。

加工工艺路线：锻造→退火→粗加工→热处理→精加工（锻造和退火由钢厂完成）。

2）模具的热处理工艺及使用寿命（见表 2.5-1）

表 2.5-1　摩托车发动机机匣模具热处理和使用情况调查

模具号	淬火工艺			回火工艺			模具使用寿命	模具硬度/HRC
	温度/℃	时间/min	淬火介质	温度/℃	时间/h	冷却介质		
620/307M	1030±10	90	真空中用氩气吹冷	560 580	6 6	空气	约4000件	51～52.5
620/315M	1030±10	90		560 580	6 6	空气	试模开裂	51～52.5
620/317M 620/324M	1020±10	90		580 590	6 6	空气（二次回火）	约600件 约25300件	47～48 44.5～46

（2）模具失效形式

模具的主要失效形式是早期脆性开裂，如图 2.5-5～图 2.5-7 所示。

（3）模具失效分析

1）宏观断口

失效模具断口有下列特征。

①模具断口有明显的贝纹线，是典型的疲劳断口，裂源区和扩展区由于受到高温氧化呈现出深浅不同的氧化色，使疲劳弧线更加清晰，如图 2.5-10、2.5-11 所示。

图 2.5-10　620/324M 模具断裂面，　　　　图 2.5-11　620/317M 模具的疲劳断口，
　　　箭头所指处为裂源（1/3×）　　　　　　　　箭头所指处为裂源（1.5×）

②620/324M 模具的裂源位于模具型面拐角处，如图 2.5-10 中箭头所示。620/317M 模具的裂源位于型面拐角尖端，如图 2.5-11 中箭头所示。断口都有明显的放射状线痕，说明裂纹是沿一系列有高度差的平面向四周扩展的，压力集中明显。

③620/315M 模具在使用前已有微裂纹，在使用时成为裂源，导致模具早期断裂。断口上裂源处有黑色氧化物，如图 2.5-12 所示。扩展区无明显贝纹线，有较长的放射条纹，系快速扩展的脆性断裂。

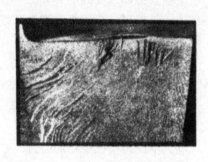

图 2.5-12　620/315M 模具断口，箭头所指
　　　处为裂源（1.5×）

2）化学成分分析

失效模具的化学成分分析结果见表 2.5-2。

表 2.5-2　失效模具的化学成分（质量分数）

成分/% 钢号	C	Si	Mn	Cr	Mo	V	P	S
H13 钢失效模具	0.32～0.38	0.80～1.20	0.20～0.40	4.75～5.50	1.10～1.50	0.80～1.20	<0.03	<0.03
H13 钢规范要求	0.32～0.42	0.80～1.20	<0.40	4.50～5.50	1.10～1.50	0.80～1.20	≤0.03	≤0.03

3）金相组织

从模具模坯和失效模具上切取试样检查。模具的显微组织见表 2.5-3。

对于未经淬火、回火的模坯也取样作金相组织检查，退火组织为回火索氏体。由于化学成分不均匀，组织呈带状分布。组织中回火索氏体呈明显的针状分布，黑色点状碳化物密集、细小、轮廓不清晰，另外还有块状和堆集状碳化物。这种亚稳定的共晶碳化物如果棱角分明、分布密集，则会导致材料脆性增加，影响模具使用寿命。

4）硬度测试

硬度测试结果见表 2.5-3。从失效模具的硬度测试可知，620/307M 和 620/315M 号模具的硬度已超出设计要求。

表 2.5-3　模具的显微组织

模具号	显微组织
620/307 M 620/315M	回火马氏体＋回火索氏体，有明显的黑色网络
620/317M	回火屈氏体＋回火索氏体＋细小粒状碳化物
620/324M	粗大回火索氏体＋回火索氏体

（4）失效分析结论

根据上述观察分析可以初步得出，摩托车发动机机匣铝合金压铸模具在使用中会出现早期失效主要是因为以下两个方面。

①材料化学成分偏析、组织不均匀和淬火、回火后冷却速度缓慢，引起二次碳化物网状析出和回火脆性的增加，导致模具脆性开裂。

②模具截面改变处的 R 角太小，引起热处理应力集中而产生了微裂纹，在服役过程中微裂纹进一步扩展，导致模具脆性开裂。

（5）防止模具早期失效的措施

①严格控制钢中 S、P 等杂质的含量。以防压铸模具在高温状态下服役时，由于 S、P 等杂质元素向晶界的动态偏聚，而损害模具的高温塑韧性，导致模具发生高温脆裂。

②采用 1100～1150℃固溶—淬火—高温回火预处理工艺，对消除化学成分偏析和改善组织均匀性有良好的效果。

③大型压铸模在空冷淬火时，壁厚部位冷却太慢，二次碳化物网容易析出；油冷易使模具变形。故必须采取分级淬火或等温淬火等方法以抑制碳化物的析出，避免脆性的产生。

④提高回火后的冷却速度，可减缓回火脆性，提高韧性，延长模具使用寿命。

4. 锻压模具失效分析——热穿孔冲头失效分析

（1）热穿孔冲头的工作条件

①热穿孔冲头的形状和工作状况，如图 2.5-13 和图 2.5-14 所示。

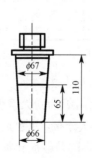

图 2.5-13　热穿孔冲头形状

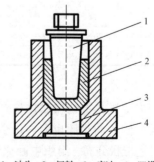

1—冲头；2—坯料；3—底冲；4—凹模

图 2.5-14　热穿孔冲头工作示意图

②热穿孔冲头的材料和硬度。冲头用 3Cr2W8V 钢制造，硬度为 50HRC 左右。

③热穿孔冲头冷却状况。每次脱模后对冲头喷自来水冷却。

④热穿孔冲头的热处理。按常规工艺淬火回火。

⑤被挤压毛坯材料状况。成形材料为 30CrMnSi 钢，尺寸为 $\phi85mm×62mm$，加热温度为 1200℃，进行反挤压加工。

⑥锻压设备状况。4000kN 立式水压机，工作频率为 5～6 次/min。

（2）冲头的工作寿命及失效形式

根据现场 10 个月的统计结果，每个冲头的月平均工作寿命为加工 199 件产品，最高寿命为 324 件，最低寿命为 117 件。其主要失效形式为冲头头部镦粗变形。

垂直冲头轴线切下冲头头部，并沿轴线将之纵向剖开，测量断面不同部位硬度并绘出硬度分布曲线，如图 2.5-15 所示。由图 2.5-15 冲头工作 200 次后的硬度分布曲线可知，冲头头部表层明显软化，圆角部位硬度最低，推测此处受热温升可达 700℃以上。

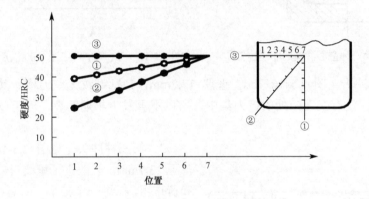

图 2.5-15　热穿孔冲头工作 200 次后的硬度分布

（3）冲头结构的改进及效果

冲头的软化变形失效，说明原来外表喷水的冷却方式冷却效果不大。若改为水内冷空心结构，同时采用石墨机油外冷兼润滑，应能改善冷却效果。经对冲头实际载荷测算，得出空心结构的冲头承载能力足够。于是，先后制作出结构尺寸不同的三种空心冲头（见图 2.5-16）进行试验，结果如下所述。

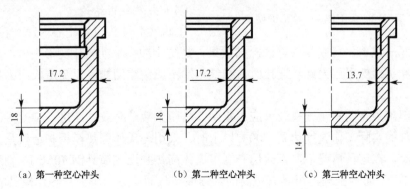

（a）第一种空心冲头　　　（b）第二种空心冲头　　　（c）第三种空心冲头

图 2.5-16　冲头改为空心结构的示意图

1）第一种冲头［见图 2.5-16（a）］壁厚 17.2mm，口部螺纹有空刀槽。其平均工作寿命为 200 件，失效形式主要是早期断裂。裂纹起源于螺纹末端空刀槽，然后向外扩展成环状裂纹，裂纹扩展至一定深度时会导致断裂，如图 2.5-17 所示。采用水内冷后，端面硬度不再下降，但圆角处较厚，热负荷仍较大，

其硬度仍大幅度降低，如图 2.5-18 所示。

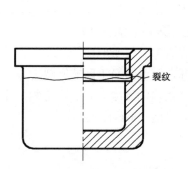

图 2.5-17　第一种空心冲头的断裂位置

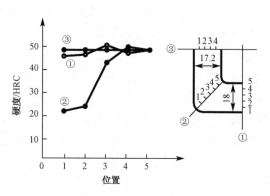

图 2.5-18　第一种冲头工作 200 次后的硬度

2）第二种冲头［图 2.5-16（b）］壁厚 17.2mm，口部螺纹无空刀槽。其平均工作寿命为 400 件。由于没有空刀槽处的应力集中，所以不再发生早期断裂，但仍以头部圆角软化变形失效为主。

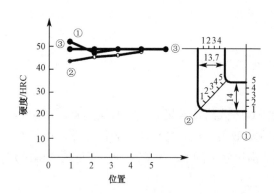

图 2.5-19　第三种冲头工作 943 次后的硬度

3）第三种冲头［见图 2.5-16（c）］壁厚减薄至 13.7mm，且改进了螺纹口部结构，使之有卸荷作用，以进一步减小应力集中。用这种冲头进行试验，其平均工作寿命为 630 件，最高能加工 1217 件。

失效形式仍以圆角变形失效为主，少数发生尾部断裂，裂纹起源于尾部外表面拐角处。由于加强了冷却，所以头部温度明显下降，圆角软化速度减慢，其硬度分布如图 2.5-19 所示。

（4）失效分析结论

①将实心冲头改为空心内冷结构冲头，并将壁厚减至 14mm 以下，可获得较好的冷却效果，是防止冲头早期软化变形失效的有效措施。

②空心冲头口部采用内螺纹连接时，螺纹末端不应留空刀槽，以免造成应力集中，导致断裂失效。

③冲头尾部外表面拐角处有较大应力集中，易萌生疲劳裂纹，应进一步改进。最后需要指出，当模具的实际工作温度达到 700℃以上时，采用马氏体型热模钢制造模具，无法获得高的工作寿命。在这种情况下，可改用高锰奥氏体高热强无磁模具钢 70Mn15 制造模具，经高温固溶和 700℃时效处理，可具有更高的热强性，从而能进一步提高热作模具的寿命。

思考题与练习

图 2.5-20 所示为电动机转子冲裁模断裂图片,试分析其断裂原因。

图 2.5-20 电动机转子冲裁模失效图片

模块三　模具寿命及表面处理技术

学什么

　　模具寿命体现了其使用的价值，也表达了其设计与制造质量的优劣和满足使用要求所付出的成本。人们总是在不断追求"人尽其才、物尽其用"的境界，对于模具，则希望在失效报废之前的工作时间越长越好。模具经长期使用，报废是不可避免的。但在分析研究造成模具失效的各种主要因素之后，对症下药采取一定的技术措施来避免过早失效和延长其使用期限，则是可能的。因此，除了要弄清楚模具寿命的基本概念外，还应重点研究采用哪些技术手段可以延长模具的使用寿命，并且随着高科技不断飞速发展，可采用的技术手段将越来越先进，越来越丰富，而且更有效可靠。

学习目标

1. 熟悉模具寿命的基本概念。
2. 初步掌握提高模具寿命的基本方法。
3. 初步学会模具材料表面处理的技术。

任务一　模具寿命概述

任务描述

　　模具寿命的高低是衡量模具质量的重要指标之一。它不仅影响产品质量，而且还影响生产率和成本。那么模具寿命是什么？它如何影响生产率和产品成本呢？这是本任务主要研究的内容。

学习目标

1. 掌握模具寿命的概念。
2. 掌握模具寿命与生产率、产品成本的关系。

任务分析

模具的寿命是综合评价其质量与成本的标志性的量化指标。模具寿命是在一定时期内模具材料性能、模具设计、加工和热处理工艺、模具使用与维护等各项指标的体现。模具寿命的大小取决于模具所能生产出的合格产品的数量，而生产率则表示了模具在单位时间内生产出合格产品的数量，两者之间有着必然的联系。显然模具寿命越大，它能生产出的合格品越多，分摊到每个产品中的费用越少，产品成本越小。

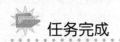

任务完成

一、模具寿命的基本概念

模具因为磨损或其他形式失效、终至不可修复而报废之前所加工的产品的模件数，称为模具的使用寿命，简称模具寿命。

模具的使用寿命并不期望无限，只要比模具成形制品的生产要求长即可。因此在考虑模具的最佳使用寿命时，应将目标放在使单件制品获得最低成本的基础上，这样的模具使用寿命对工业生产才有实际意义。

模具正常失效前生产出的合格产品的数目称为模具正常寿命，简称模具寿命 S。模具首次修复前生产出的合格产品的数目称为首次寿命 S_1。模具一次修复后到下一次修复前所生产出的合格产品的数目称为修模寿命 S_2。模具寿命是首次寿命与各次修模寿命的总和，即 $S = S_1 + \sum S_2$。

模具寿命对生产的影响很大，主要表现在以下几个方面：

①质量高、寿命长的模具，可以提高制品的生产率及质量，同时还会影响模具本身的制造成本和制品的成本及工艺部门的工作量等。因此，除了小批量生产和新产品试制等特殊情况外，一般都要求模具具有较长的寿命。

②模具寿命关系到少、无切削工艺的推广应用。例如，冷轧齿轮、冷轧花键、高速模锻、黑色金属压铸和冷挤压等往往由于模具寿命不高，其应用受到了一定的限制。

③模具的寿命影响一些先进的高效率、多工位加工设备的正常效能的发挥。例如，多工位轴承环高速锻锤、多工位大型冷镦机、钢球滚球冷镦机等也往往由于其模具寿命低而难以发挥效率。在大批量生产中，为了保证较高的生产率，模具的使用寿命更为重要。

④模具寿命也影响模具钢的消耗，特别是合金模具钢的消耗。寿命低易造成人力、物力的大量浪费。

⑤提高模具寿命，实质上意味着和失效作斗争。为了提高模具寿命，可分析影响它的内在因素（模具结构、材料和加工工艺）和外在因素（模具的工作条件和使用维护、制品的材质和形状大小等）。配合科学实验，找出失效原因，采取有效措施解决，例如，合理的模具设计；正确选材，开发模具新材料，改善原材料质量；采用先进的热处理工艺，提高模具热处理质量；保证加工质量，采用新的加工方法；改进加工设备和工艺，合理使用、维护模具。

二、国内外模具寿命概况

我国模具业近年来飞速发展，尤其是冲压模和塑料成形模的需求量越来越大。按照中国模具工业协会的划分，我国模具基本分为10类，其中冲压模和塑料成形模两类占主要部分。按产值计算，目前我国冲压模占50%左右，塑料成形模约占20%，而世界发达工业国家和地区的塑料成形模比例一般占全部模具产值的40%以上。我国冲压模大多为简单模、单工序模和复合模等，而精冲模、精密多工位级进模数量不多。我国模具的平均寿命不足100万次，模具最高寿命达到1亿次以上，精度达到3～5μm，有50个以上的级进工位，与国际上最高模具寿命6亿次、平均模具寿命500万次相比，我国处于20世纪80年代中期的国际先进水平。

我国的塑料成形模具设计、制作技术起步较晚，整体水平比较低。目前单型腔、简单型腔的模具达70%以上，仍占主导地位。一模多腔精密复杂的塑料注射模、多色塑料注射模已经能初步设计和制造。模具平均寿命约为80万次，主要差距是模具零件变形大、溢边毛刺大、表面质量差、模具型腔冲蚀和腐蚀严重、模具排气不畅和型腔易损等，注射模精度小于5μm，最高寿命已突破2000万次，型腔数量已超过100腔，达到了20世纪80年代中期至90年代初期的国际先进水平。注塑模型腔制造精度可达0.02～0.05mm，表面粗糙度 $R_a = 0.2\mu m$，模具质量和寿命明显提高，非淬火钢模寿命可达10万～30万次，淬火钢模达50万～1000万次，交货期较以前缩短，但和国外相比仍有较大差距，具体数据见表3.1-1。

表 3.1-1　国内外模具技术比较

项　　目	国　　外	国　　内
注塑模型腔精度	0.005～0.01 mm	0.02～0.05mm
型腔表面粗糙度	0.01~0.05μm	0.20μm
非淬火钢模具寿命	10万～60万次	10万～30万次
淬火钢模具寿命	160万～300万次	50万～100万次
热流道模具使用率	>80%	总体<10%
标准化程度	70%～80%	<30%
中型塑料模生产周期	1个月左右	2～4个月
在模具行业中的占有量	30%～40%	25%～30%

我国自行生产的模具与国外生产的模具相比，使用寿命较低的主要原因是我国的模具制造技术与国际先进水平相比差距较大。有些设计、制造及使用模具的人员对模具的工作条件、使用性能、损坏原因、模具材料的特性与模具寿命的关系缺乏深入的研究，全国由于模具寿命低而造成的浪费，估计每年不低于数亿元人民币，如果把由于模具寿命低对产品的质量和产量带来的损失也考虑在内则浪费更为严重。

目前，我国每年消耗模具钢6万～10万吨，进口模具钢为1万多吨，模具钢的消耗量与日本大致相当，但日本的产品却高出我国几十倍，我国的模具寿命只相当工业先进国家的1/5～1/3，表3.1-2所示为国内外几种主要模具寿命的比较，从表中统计数据可见，国内模具的寿命只有国外的1/10～1/2。

表 3.1-2　国内外模具寿命比较

项　　目	硅钢片冷冲模	塑料注射模	连杆热锻模	铝合金压铸模
国内	合金钢　100 万次 硬质合金　3000 万次	30 万次	0.8 万~1 万次	20 万次
国外	合金钢　500 万次 硬质合金　3 亿次	60 万次	2.5 万次	100 万次

三、模具寿命与生产率的关系

产品设计完成后，其生产模具要经历从设计、制造、安装调试、维护，直至失效报废等不同的阶段。它包括如下几个方面。

①模具设计时间（T_1）。从模具设计到模具所有工艺文件、图样完成所用的时间，称为模具设计时间。产品不同模具的设计时间也不同，少则几天，多则几个月。

②模具的制造时间（T_2）。模具从制造开始到初次使用所用的时间，称为模具的制造时间。

③模具的安装调试时间（T_3）。模具加工出来后，装在相应的生产设备上，调试生产第一件合格产品所用的时间，称为模具的安装、调试时间。

④模具的修复及维护时间（T_4）。模具服役一段时间后，暂时性地失去功能或为了维护所用的时间，称为模具的修复及维护时间。它包括拆卸、重新装在设备上所用的时间。

⑤模具的工作时间（T_5）。模具在设备上生产出合格品所用的时间，称为模具的工作时间。

⑥模具寿命与生产率的关系。从图 3.1-1 可以看出，模具寿命越长，生产率越高，但生产率又与设备的工作节奏有关，同时还与时间、产品批量有关。

当产品批量小于模具寿命时，为了降低产品成本，只用一套模具，即

$$Q = \frac{n}{T_1 + T_2 + T_3 + \Sigma T_4 + \dfrac{N}{60}}$$

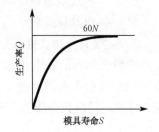

图 3.1-1　模具寿命与生产率的关系

式中　Q——生产率（件/h）；

n——产品批量（件）；

N——设备的工作节奏（次/min）；

T_1，T_2，T_3，T_4——分别为模具设计、制造、安装调试、修复及维护时间（h）。

若不计设计、制造时间，则

$$Q = \frac{n}{T_3 + \Sigma T_4 + \dfrac{N}{60}}$$

当产品批量大于模具寿命时，会消耗多套模具，不计修复时的装卸时间，最高的生产率为

$$Q = \frac{S}{T_3 + \Sigma T_4 + \dfrac{S}{60}}$$

式中　S——模具寿命（件）。

在这种情况下，只有 $T_2 < T_3 + \Sigma T_4 + \dfrac{S}{60}$ 时，才能使生产连续进行。

从关系式的分析可以看出，减少模具的装配和修模次数与时间、提高模具的首次寿命与修复寿命，都能起到提高生产率的作用；设备工作节奏越快，模具寿命对生产率的影响就越大。大批量生产时，缩短制模时间、采用快速换模装置、缩短装模时间、减少修复次数、增加有效工作时间在模具整个时间的相对比例，都可以有效提高生产率。

四、模具寿命与产品成本的关系

采用模具生产的产品，其成本由原材料费、工资、设备折旧费、模具费及管理费等项组成，可分为与模具寿命无关的项目（如原材料费、工资、设备折旧费等）及与模具寿命有关的项目（如模具费），简写为

$$V = A + \frac{M+B}{S} = A + \frac{1}{S}(M_c + M_z + M_x + B)$$

式中　　V——产品成本；

　　　　A——与模具寿命无关的单件产品成本之和；

　　　　B——模具费以外的与模具寿命有关的其他项目成本之和；

　　　　M——模具费；

　　　　M_c——模具材料费；

　　　　M_z——模具制造费；

　　　　M_x——模具修理费；

　　　　S——模具寿命（件）。

从关系式也可以看出，模具寿命越高，各项费用越低，则产品的成本越低。我国模锻件、冲压件的模具费用占产品成本的 10%～30%，小批量冲压件模具费用占产品成本的 30%～50%。另外，目前我国模具行业是微利行业，模具价格偏低，如果提高模具价格，则会进一步增大模具费在产品成本中的比例。因此有效地提高模具的寿命，就可降低产品成本。

降低产品成本，除了依靠提高模具寿命之外，还要考虑产品批量与模具寿命的匹配关系。当同一批量的产品采用不同的模具材料、不同的制模工艺时，它们的材料费、制造费、维修费及寿命差别会很大。

例如，图 3.1-2 所示为电子定子硅钢片冲模采用不同模具材料时产品成本与批量之间的关系，硬质合金冲模寿命可达 4000 万件，但模具难制造，费用高；T12 冲模寿命约为 20 万件，模具较易制造，费用低；Cr12MoV 介

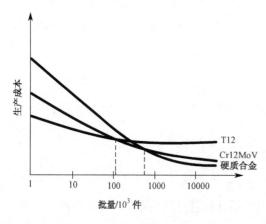

图 3.1-2　批量与产品成本的关系

于两者之间。

因此，在满足产品质量的前提下，为了使产品成本最低，应根据产品生产批量选用不同

的模具材料及其制造工艺。一般最好使模具寿命略大于产品批量。对于同一产品、同一模具材料，还应根据产品批量考虑最合理的模具结构，也可达到降低模具费用及产品成本的目的。

思考题与练习

1. 什么是模具寿命？它对生产的影响表现在哪几个方面？
2. 生产模具的时间包括哪些？简述模具寿命与生产率的关系。
3. 简述模具寿命与产品成本的关系。

任务二　提高模具寿命的措施

任务描述

低碳经济是当今世界的热门话题，其实质是追求节能环保，最大限度地合理开发使用有限的资源，保证社会经济发展的可持续性。要想将模具这个有限的生产资源最大限度地利用好，是从事模具产业的有识之士要面临的挑战，也是模具市场提出的苛刻要求。那么，有哪些主要方法，可以有效地提高模具的寿命？这是本任务要研究的课题。

学习目标

熟悉当前提高模具寿命的主要有效途径，掌握行之有效的基本方法。

任务分析

提高模具寿命主要是指千方百计、想方设法延长模具的有效使用期限，使之超过一般设定的设计使用寿命，这对降低生产成本、增加产品的经济效益的作用十分显著。提高模具寿命，实质上也就是和模具失效作斗争，以推迟模具的失效。通过前面介绍的影响模具失效的因素，找到提高模具寿命的措施。

任务完成

提高模具寿命可采取以下措施。

1. 正确设计模具结构及零件

模具结构对模具受力状态的影响很大，合理的模具结构及形状，能使模具在工作时受力均匀，应力集中小，也不易受偏载，因而能提高模具寿命。

模具工作部分的几何形状，决定于所加工的产品；模具非工作部分的几何形状，决定于工作母机的结构。因此，在设计模具时，其工作部分及非工作部分的几何形状，很难随意变化。企图通过增大模的体积来提高模具的承载能力是有限度的，但可采取以下措施，来提高模具的承载能力。

（1）采用镶套结构

冷作模具为了获得抗压强度或高的耐磨性，要求其刃口或型腔具有很高的硬度。如果采用整体结构，将整个模具处理成高硬度，由于降低了材料的韧性，则极易使模具发生早期断裂。而采用镶套结构，既保持了模具工作部分的高硬度要求，又保持了模具基体的高韧性，从而提高了模具的寿命。

镶套结构不仅适用于冷作模具，也适用于热作模具。例如，热切边模要求刃口部分具有高的高温硬度及热稳定性，模具基体又具备高的强韧性。因此，在工作部分镶入 YG20 硬质合金，其他部分采用高强韧性结构钢制造。

（2）组合结构

整体模具不可避免地存在凹的圆角半径，很容易造成应力集中，引起模具早期开裂。这些在模块二影响模具失效的因素里已作过介绍。

另外，尺寸变化剧烈而圆角半径又不能过大的冲头，经常由于在尺寸过渡处产生裂纹而造成模具的早期断裂。可改为组合结构，以消除应力集中，从而避免了冲头的早期断裂，提高了模具寿命，如图 3.2-1、图 3.2-2 所示。

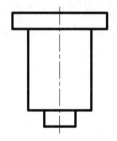　　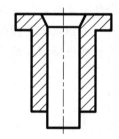

图 3.2-1　整体式冲头示意图　　　　图 3.2-2　组合式冲头示意图

（3）尺寸过渡方式

头部和尾部相差极大的冲头，假如采用突变尺寸的过渡，则极易在尺寸突变处引起较严重的应力集中而导致早期疲劳断裂或一次性折断。可改为渐变式尺寸过渡，以避免冲头早期断裂，延长模具寿命，如图 3.2-3、图 3.2-4 所示。

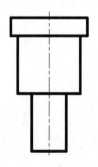　　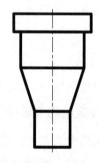

图 3.2-3　热冲压冲头的突变式尺寸过渡　　图 3.2-4　热冲压冲头的渐变式尺寸过渡

（4）模具的导向

模具的可靠导向装置能有力地保证模具在工作中，模具零件相互的位置精度，增加模具的抗弯曲、抗偏载的能力，避免模具的不均匀磨损，提高模具寿命。尤其是对于小间隙或无间隙的大中型型腔模、冲裁模、精冲模更为重要。可考虑如下措施。

①增加导柱、导套数量。如冲模可采用四导柱模架、用卸料板作为凸模的导向和支撑部件（卸料板自身也有导向装置）等。

②适当加大导柱、导套直径，提高模具的导向精度。

③模具基础件。适当增大模座的厚度，保证其足够的刚度，以提高模具的整体刚性。

④合理的模具间隙。选用合理的模具间隙，保证工作状态下的间隙均匀。间隙的过大、过小或间隙不均，都不利于提高模具寿命。

⑤缩短主要工作件的工作长度。尽量使凸模或型芯工作部分长度缩短，并增大其固定部分直径和尾端的承压面积，以便模具工作时更加稳定。

2. 模具材料及热处理

据统计，模具材料性能及热处理质量是影响模具寿命的主要因素。对冲压模具，因工作零件在工作中承受拉伸、压缩、弯曲、冲击摩擦等机械力的作用，因此冲模材料应具备抗变形、抗磨损、抗断裂、耐疲劳、抗软化及抗黏合的能力。对塑料模和压铸模，因型腔一般比较复杂，表面粗糙度值要求小，且工作时又承受熔体较大的冲击、摩擦和高温的作用，所以，要求模具材料具有足够的强度、刚度、硬度，并具有良好的耐磨性、耐腐蚀性、抛光性和热稳定性。近年来开发了不少新型模具材料，既有优良的强度和耐磨性等，又有良好的加工工艺性，不仅大大提高了制件质量，而且大大提高了模具寿命。

（1）正确选用模具材料

在设计模具时，除合理的结构及形状外，还应正确地选用模具材料。它是今后进行模具加工（锻造、切削、电加工等）、热处理、表面强化处理等的基础，也是获得模具良好工作性能和高寿命的必要保证。但由于模具的品种繁多、工作条件各异，所以给模具材料的正确选择带来了一定的难度。下面给出一些原则。

1）冷作模具选材

静载模具（如薄板冲裁模），可选用高碳模具钢（耐磨性高而强韧性差）；动载模具（如冷镦模）应选用强韧性高的中碳或中高碳合金工具钢，如耐磨性不足时，可进行表面强化处理。

2）热作模具选材

在工作时，承受急冷急热的热作模具，应选用冷热疲劳抗力、断裂韧度、热稳定性均高的模具钢；工作温度较高而温度波动较小的模具，应选择高温强度及热稳定性均很高而冷热疲劳抗力较低的热作模具钢。

目前，通过失效分析表明，许多热作模具发生工作面开裂，是由于冷热疲劳裂纹发生失稳扩展造成的。因此，要避免工作面早期开裂，就应提高模具钢的冷热疲劳抗力和断裂韧度 K_J，而不是单纯提高钢的 σ_b 和 σ_s 就能克服早期开裂，如果要提高冷热疲劳抗力和断裂韧度，就应降低钢中的未溶碳化物数量，增高基体的合金化程度，为此，就应适当地提高淬火温度和回火温度，不必过多地考虑晶粒的大小。

（2）正确选择热处理工艺

模具的热处理质量对模具的性能与使用寿命影响都很大。因为热处理的效果直接影响着模具钢的硬度、耐磨性、抗啮合性、回火稳定性、耐冲击及抗腐蚀性，这些都是与模具寿命直接有关的性质。根据模具失效原因的分析统计，热处理不当引起的失效占50%以上。实践证明，高级的模具材料必须配以正确的热处理工艺，才能真正发挥模具材料的潜力。

通过热处理可以改变模具工作零件的硬度，而硬度对模具寿命的影响是很大的，但并不是硬度越高，模具寿命就越长。这是因为硬度与强度、韧性及耐磨性等有密切的关系，硬度提高，韧性一般要降低，而抗压强度、耐磨性、抗黏合能力则有所提高。有的冲模要求硬度高、寿命长。例如，采用T10钢制造硅钢片的小冲孔模，硬度为56～58HRC时只冲几千次制件毛刺就很大，如果将硬度提高到60～62HRC，则刃磨寿命可达到2万～3万次。但如果继续提高硬度，则会出现早期断裂。有的冲模则硬度不宜过高，例如，采用Cr12MoV制造六角螺母冷镦冲头，其硬度为57～59HRC时模具寿命一般为2万～3万件，失效形式是崩裂，如果将硬度降到52～54HRC，寿命则提高到6万～8万件。由此可见，热处理应达到的模具硬度必须根据冲压工序性质和失效形式而定，应使硬度、强度、韧性、耐磨性、疲劳强度等达到特定模具成形工序所需的最佳配合。

为延长模具寿命，可采取以下几种热处理措施。

①完善和严格控制热处理工艺。如采用真空热处理防止脱碳、氧化、增碳，加热适当，回火充分。

②合理控制淬火温度。淬火温度过高，晶粒长大，使冲击韧性下降，使疲劳裂纹的萌生周期缩短，扩展速率加快。因此冷冲模的淬火加热温度不宜过高，应结合实际生产和理论分析来合理地予以确定。

热作模具的硬度一般低于冷作模具，而韧性高于冷作模具。热作模具应采用较高的淬火温度，如果采用较低的温度淬火，反而会缩短模具的寿命，往往会因早期塑性变形、早期冷热疲劳开裂、早期磨损而失效。

③正确地制定回火规程。模具的回火是为了降低淬火引起的内应力和调整钢的强韧性，以提高模具寿命。如果回火温度偏低，保温时间不足或回火次数不够，达不到回火的目的，容易引起模具的早期失效，缩短模具寿命。

热作模具钢的回火温度，应尽量接近模具的工作温度，尽量减小回火温度与模具工作温度的差距，从而达到减小模具表层在工作中发生回火转变而产生的拉应力。

假如回火温度过高，将使模具的硬度和强度下降，使模具发生早期塑性变形和早期磨损而失效。

④采用表面强化处理。使模具成形零件"内柔外硬"，以提高耐磨性、抗黏性和抗疲劳强度。其方法主要有高频感应加热淬火、喷丸、机械滚压、电镀、渗氮、渗硼、渗碳、渗硫、渗金属、离子注入、多元共渗等。还可采用电火花强化、激光强化、物理气相沉积和化学气相沉积等表面处理新技术。

⑤模具使用一段时期后应进行一次消应力退火以消除疲劳，延长寿命。

⑥在热处理工艺中，增加冰冷（低于-78℃）或超低温（低于-130℃），以提高耐磨性。

⑦热处理时，注意强韧匹配，柔硬兼顾。有时为了提高模具的韧性，可以适当降低硬度。

⑧热处理变形要小。可采用非常缓慢的加热速度、分级淬火、等温淬火等减小模具变形的热处理工艺。

3. 正确的实施模具毛坯的锻造与预处理

模具毛坯的锻造，一方面是把原材料锻造成模具的初步形状，以节省材料和方便进一步的切削加工；另一方面，也是最重要的就是改善模具钢的材质，提高模具钢的强韧性，尤其是对高碳、高合金钢。

（1）消除或最大程度地减少碳化物偏析

高碳、高合金钢原材料中，碳化物的分布极不均匀，常出现树状或网状偏析，如不消除，将严重削弱模具钢的强韧性，使模具极易因早期断裂而失效。为此，模具钢在锻造过程中，应反复镦粗和拔长，将网状和共晶碳化物打碎，消除碳化物的不均匀性，减少模具热处理畸变和避免使用时断裂。

（2）形成合理的流线方向和分布

流线方向和分布会引起模具锻坯的各向异性，所以要根据模具所受载荷性质，形成合理的流线方向和分布，以提高模具寿命。尤其对于重载模具，极为重要。要使模具承受最大拉应力的方向与流线方向平行，否则很容易发生模具的早期断裂。

（3）消除或最大限度地减少疏松和气孔

采用常规工艺冶炼的模具钢，易存在中心疏松和气孔，质地较疏松，使材料的力学性能下降。这类缺陷往往会促成模具毛坯的锻造开裂、淬火开裂及模具在服役中发生脆断，缩短模具寿命。

（4）合理制定模具毛坯的预备热处理

为了改善锻件的加工工艺性能，细化晶粒，消除锻造后的残余内应力和锻造组织的某些缺陷，并为淬火做好组织准备，必须对锻件进行预备热处理，包括球化退火、正火、调质处理，有利于提高模具的抗失效能力。

对于模具加工来讲，锻坯的硬度最好能控制在180～220HRC。因而，对不同种类的模具钢，应采取不同的预备热处理。例如，对高碳模具钢可采用球化退火工艺；中碳模具钢采用完全退火或调质处理；低碳模具钢采用正火。

4. 确保模具的冷加工质量

模具工作零件需要经过车、铣、刨、磨、钻、冷压、刻印、电加工、热处理等多道加工工序。加工质量对模具的耐磨性、抗断能力等都有显著的影响。为了提高模具寿命，在模具加工时可采取以下一些措施。

1）采用合理的加工方法和工艺路线，尽可能通过加工设备来保证模具的加工质量。重点要注意以下几个方面。

①零件过渡要圆滑。模具的切削加工，必须严格按图纸要求进行。圆弧与直线衔接处，应保证平滑过渡，否则容易在衔接处产生疲劳裂纹而导致模具的早期开裂失效，降低模具寿命。

②表面粗糙度要小。模具的工作表面，要求极低的粗糙度，决不允许残留任何刀痕或划伤的折痕，否则，这些残留刀痕或划痕将成为机械疲劳或冷热疲劳裂纹的萌生处。

具有内腔的水内冷冷挤压冲头，其内腔不是工作面，因而内腔的表面粗糙度及圆角半径，往往不被设计和加工人员所重视。实际上，由于内腔表面温度低于外表面，内腔表面出现的拉应力，加上冷水的浸蚀作用，容易在内腔表面出现应力腐蚀裂纹，然后在循环载荷的作用下，发展为机械疲劳裂纹，造成模具的早期疲劳断裂失效。

2）对尺寸和质量要求均较高的模具零件，应尽量采用精密机床（如坐标镗床、坐标磨床等）和数控机床（如三坐标数控铣床、数控磨床、数控线切割机、数控电火花机、加工中心等设备）加工。

3）消除电加工表面不稳定的淬硬层（可用机械或电解、腐蚀、喷射、超声波等方法去除），电加工后进行回火，以消除加工应力。

4）严格控制磨削工艺条件和方法（如砂轮硬度、精度、冷却、进给量等参数），防止磨削烧伤和裂纹的产生。

5）注意掌握正确的研磨、抛光方法。抛光方向应尽量与变形金属流动方向保持一致，并注意保持模具成形零件形状的准确性。

6）尽量使模具材料纤维方向与受拉力方向一致。

5. 合理选择制件材料

实际生产中，由于冲压用原材料的厚度公差不符合要求、材料性能的波动、表面质量差和不干净等造成模具工作零件磨损加剧、崩刃的情况时有发生。由于这些制件材料因素的影响，直接降低了模具使用寿命，所以，对冷冲压制件所用的钢板或其他原材料应在满足使用要求的前提下，尽量采用成形性能好的材料，以减小冲压变形力，改善模具工作条件。另外，保证材料表面质量和清洁对任何冲压工序都是必要的。为此，材料在加工前应擦洗干净，必要时还要清除表面氧化物和其他缺陷。

对塑料制件而言，不同塑料品种的模塑成形温度和压力是不同的。由于工作条件不同，对模具的寿命就有不同的影响。以无机纤维材料为填料的增强塑料的模塑成形，模具磨损较大，模塑过程中产生的腐蚀性气体就会腐蚀模具表面。因此，应在满足使用要求的前提下，尽量选用模塑工艺性能良好的塑料来成形制件，这样既有利于模塑成形，又有利于提高模具寿命。

6. 确保模具的装配质量

模具零件的加工质量高，并不意味着模具的装配质量就高。模具装配质量的好坏，对模具寿命有着重大的影响。为此，应注意以下问题。

①确保图纸规定的装配技术要求。

②保证导向机构运动灵活，不得出现卡死现象。否则，在模具工作中，会造成模具的严重破坏。

③对冲模，应严格控制冲裁凸模进入凹模的深度，并保证凸、凹模配合间隙的大小适当和间隙均匀，并防止误送料、冲叠片。还应严格控制校正弯曲、整形、冷挤等工序中上模的下止点位置，以防模具超负荷。

④对带有抽芯机构的模具，应保证抽芯机构灵活可靠；并合理控制周边间隙，以防周边偏磨。

⑤连接应牢固可靠，在模具工作中，不得松动。否则，会造成模具的早期失效。

7. 正确地使用与保养模具

一副模具即使设计合理、加工装配精确、质量良好，但若使用、维护及保管不当，也会导致模具变形、生锈、腐蚀，使模具失效加快，寿命降低。为此，可采用下述方法以提高模具寿命。

①正确地安装与调整模具。

②在使用过程中，注意保持模具工作面的清洁，定期清洗模具内部。

③预热。热作模具在工作前，应进行预热，减小模具表面和心部的温差，以降低热应力，同时，还可提高模具钢的韧性，减少模具开裂的机会，提高模具寿命。

预热是压铸模、热锻模服役中现场维护必不可少的内容。例如，压铸 T8 钢肋骨的经渗铝的 3Cr2W8V 压铸模，若使用前不预热，会产生大量裂纹，模具寿命为 509 件；在使用 4 根 0.7kW 的电热管，将模具预热到 300℃，并在模腔上喷涂经加热的石墨水剂，使模具温度一直保持在 260～300℃时，模具寿命为 1 190 件；但是，当模具表面温度超过 500～550℃后，强度大为下降，易产生塑性变形。因此模具的预热温度以 250～300℃为宜。

④中途停工时模具的保温。模具在中途停工时，模具应进行保温，以减小模具经受的热冲击，从而减少由于模具内萌生裂纹并引起模具开裂的机会，达到提高模具寿命的目的，保温以 250～300℃为宜。

⑤停工时的缓冷。模具服役后，隔天再用或为了维修卸下前，不能让模具直接冷到室温，必须缓冷，以减小冷冲击。

⑥模具工作时的冷却。热作模具在工作中，冷却也是一个很重要的因素，冷却适当，有助于提高模具寿命；否则，工作表面将由于高温而很快软化，易产生塑性变形。

对模具的工作表面进行冷却时，应保持适当的冷却速度和冷却的下限温度。过于强烈的冷却方法或过低的下限温度，易引发冷热疲劳裂纹，故应有一个合适的冷却温度范围。正确的冷却方法是既要降低模具表面温度，又要保证不会降得过低。其具体要求是模具表面温度的上限最好是低于其回火温度，而模具表面温度的下限应保持在 250～300℃。

⑦中间去应力回火。事实证明，模具由于受热不均或局部发生组织转变，可在模具体内积累很大的内应力，其数值可以超过模具所受的机械应力，许多模具的表面开裂，并非是由于工作时承受的机械作用力所引起的，而是由于巨大的内应力所引起的。因此，为防止在模具表面积累过大的拉应力，当模具工作一定时间后，将模具卸下，进行去应力回火，是十分必要的，可有效地避免模具早期开裂，延长模具寿命。

⑧合理润滑。模具在工作时的润滑条件，对其模具寿命也有极大地影响。正确的润滑，可减轻模具承受的载荷，防止模具工作表面与成形坯料黏附而出现啮合磨损，从而延长模具寿命；相反，如果润滑不当，也可能加速模具的失效。例如，对热作模具过多地使用易燃性润滑剂，有可能由于润滑剂燃烧气化，产生大量气体，冲刷模具工作表面，形成宽而深的气蚀沟，使模具过早失效。

如果采用水剂润滑液，润滑效果会更好，但应注意避免急冷急热而过早地引发冷热疲劳裂纹，使模具过早的失效。

⑨当冲裁模出现明显（0.1mm）的钝口磨损时，应立即刃磨。刃磨后要研光，最好使表

面粗糙度值 Ra 小于 0.1μm。

⑩保持模具的压力中心与压力机、注塑机或压铸机等成形设备的压力中心基本一致。

⑪选择合适的成形设备，充分发挥成形设备的效能。

⑫模具应编号管理，在专用库房里进行存放和保管。模具储存期间，要注意防锈处理，最好使弹性元件保持松弛状态。

 思考题与练习

1. 提高模具寿命，一般应采取哪些措施？

2. 为了提高模具寿命，在模具结构设计时采用哪些措施？

3. 简述对模具材料的要求。

4. 采取哪些热处理措施来提高模具寿命？

5. 为了提高模具寿命，在模具加工时应采取哪些措施？

6. 试述如何正确使用和保养模具。

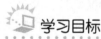 **任务三　模具材料表面强化技术**

 任务描述

模具失效的发生大多是从模具的表面开始的，模具的表面性能的优劣直接影响到模具的使用寿命。对于模具的主要工作部位（如凸、凹模的刃口和冲头、型孔、型腔等表面）需要有高硬度、高耐磨性、抗啮合性和耐蚀性等。这就需要通过材料表面处理技术来满足其要求。模具材料的表面处理技术将是本任务研讨的主题。

学习目标

了解应用模具表面处理技术的目的和作用，掌握常用模具表面处理技术方面的基础知识及强化技术的应用。

 任务分析

模具的主要工作部位是刃口和冲头、型孔、型腔的表面，这些部位往往要求高硬度、高耐磨性、抗啮合性和耐蚀性等。疲劳裂纹也往往起源于这些部位，因而要求表面有高的裂纹萌生抗力。模具基体则承受复杂应力和冲击载荷，要求高的强韧性和高的断裂抗力。由于模具表面和心部的性能要求不同，很难通过材料本身的性能或模具整体热处理来实现，因此，需要采用不同的表面处理技术，来达到既能有效地提高模具表面的耐磨性、耐蚀性、抗啮合、抗氧化、抗热黏着、抗冷热疲劳等性能，同时又可以使材料心部保持原有的强韧性。另外，模具在服役过程中往往会造成工作表面损伤，影响使用，也需要采用表面技术进行修复。所以，近年来表面处理技术得到了越来越广泛地应用。

材料及其热加工工艺的选择必须与表面处理技术结合起来全面考虑，才可能充分发挥模具材料的潜力，提高模具的使用寿命，获得最好的经济效益。

 任务完成

表面处理技术用于模具表面，可达到以下目的。

①提高模具表面的硬度、耐磨性、耐蚀性和抗高温氧化性能，大幅度提高模具的使用寿命。

②提高模具表面抗擦伤能力和脱模能力，提高生产率。

③采用碳素工具钢或低合金钢，经表面涂层或合金化处理后，可达到或超过高合金化模具材料甚至硬质合金的性能指标，不仅可以大幅度降低材料成本，而且可以简化模具制造的加工工艺和热处理工艺，降低生产成本。

④可用于模具的修复，尤其是电刷镀技术可在不拆卸模具的前提下完成对模具表面的修复，且能保证修复后的工作面仍有足够的表面质量。

⑤可用于模具表面的纹饰，以提高塑料制品的档次和附加值。

表面处理技术按其原理，可分为三种：

①化学热处理，包括渗碳、渗氮、渗铬和渗硼及多元共渗。

②表面涂覆处理，包括堆焊、电镀、超硬化合物涂层。

③表面强化处理，主要包括表面气相沉积和表面硬化。

本任务主要介绍化学热处理和表面强化处理技术。

一、模具表面的化学热处理技术

化学热处理是指将钢件置于特定的活性介质中加热和保温，使一种或几种元素渗入工件表面，以改变表层的化学成分、组织，使表层具有与心部不同的力学性能或特殊的物理、化学性能的热处理工艺。化学热处理的种类很多，一般都以渗入的元素来命名，常用的化学热处理有渗碳、渗氮、碳氮共渗和氮碳共渗、渗硼、渗金属等。

（一）渗碳

渗碳是把钢件置于含有活性炭的介质中，加热到 850～950℃，保温一定时间，使碳原子渗入钢件表面的化学热处理工艺。工件经渗碳后其表面硬度和耐磨性可大大提高，同时由于心部和表面的碳含量不同，硬化后的表面可获得有利的残余压应力，从而进一步提高渗碳工件的弯曲疲劳强度和接触疲劳强度。根据渗碳介质的物理状态不同，可将渗碳方法分为固体渗碳、气体渗碳、真空渗碳和离子（CD）渗碳等。

1. 固体渗碳

固体渗碳是将工件置于填满木炭和碳酸钡的密封箱内进行，如图 3.3-1 所示。渗碳剂是木炭和碳酸钡的混合物，其中木炭起渗碳作用，碳酸钡起催渗作用。渗碳温度一般为 900～950℃。在此高温下，木炭与空隙中的氧气反应形成 CO_2，CO_2 与 C 反应形成不稳定的 CO，CO 在工件表面分解得到活性炭原子，即可渗入工件表面形成渗碳层。

2. 气体渗碳

气体渗碳采用液体或气体碳氢化合物作为渗碳剂。国内应用最广的气体渗碳方法是滴注式气体渗碳，其方法是将工件置于密封的加热炉中，滴入煤油、丙酮、甲苯及甲醇等有机液体，这些渗碳剂在炉中形成含有 H_2、CH_4、CO 和少量 CO_2 的渗碳气氛，钢件在高温下与气体介质发生反应，如图 3.3-2 所示。工件经渗碳后必须进行淬火才能获得高硬度、高耐磨性。气体渗碳主要用于承受大冲击、高强度、使用硬度为 58～62HRC 的小型模具。

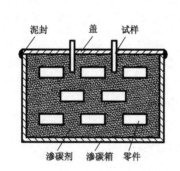

图 3.3-1　固体渗碳装箱示意图

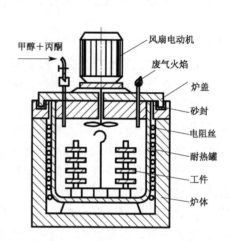

图 3.3-2　滴注式气体渗碳炉工作示意图

3. 真空渗碳

真空渗碳是一个不平衡的增碳扩散型渗碳工艺，被处理的工件在真空中加热到奥氏体化，并在渗碳气氛中渗碳，然后扩散、淬火。由于渗碳前是在真空状态下加热，钢的表面很干净，非常有利于碳原子的吸附和扩散。与气体渗碳相比，真空渗碳的温度高，渗碳时间可明显缩短。

4. CD 渗碳

CD 渗碳是 20 世纪 80 年代后期出现的渗碳方法。CD 渗碳法采用含有大量强碳化物形成元素（如 Cr、Ti、Mo、V）的模具钢在渗碳气氛中加热，在碳原子自表面向内部扩散的同时，渗层中沉淀出大量弥散合金碳化物，弥散碳化物含量达 50%以上，呈细小均匀分布，淬火、回火后可获得很高的硬度和耐磨性。

经 CD 渗碳的模具芯部没有像 Cr12 型一样，在模具钢和高速钢中出现粗大共晶碳化物和严重的碳化物偏析，因而其心部韧性比 Cr12MoV 钢提高了 3～5 倍。实践表明，CD 渗碳模具的使用寿命大大超过了 Cr12 型冷作模具钢和高速钢。

渗碳工艺应用于模具表面强化，主要体现在两个方面。一方面用于低、中碳钢的渗碳。例如，塑料制品模具的形状复杂，表面粗糙度要求高，常用冷挤压反印法来制造模具的型腔。因此，可采用碳含量较低、塑性变形性能好的塑料模具钢，如 20、20Cr、12CrNi3A 钢及美国的 P2、P3、P4、P5 钢等。先将退火状态的模具钢经冷挤压反印法成形，再进行渗碳或碳氮共渗处理。

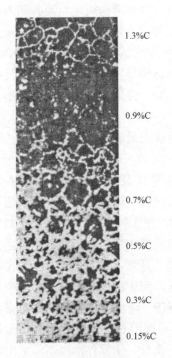

图 3.3-3   低碳钢不同含碳量的金相组织

低碳钢渗碳后以表面层含碳量 0.85%～1.05%为最好，如图 3.3-3 所示。由图可见，随含碳量增加，铁素体（见图 3.3-3 下部白色部分）逐渐减少，含碳量高于 1%，网状渗碳体（见图 3.3-3 上部亮白色部分）增多。压制含有矿物填料的塑料制品时，模具的渗碳层深度应厚一些，一般为 1.3～1.5mm；压制软性塑料时，渗碳层为 0.8～1.2mm；对有尖齿、薄边的模具，则以 0.2～0.6mm 为佳。渗碳时，应控制表层含碳量在 0.7%～1.0%，过高的含碳量将使模具表面抛光性能变差，影响塑料制品的质量。预硬型塑料模具钢（P20 钢）经渗碳淬火后，不仅可使钢的表面硬度大幅度提高，还可以使模具抛光易达到镜面级的粗糙度。

渗碳工艺应用于部分热作模具及冷作模具，也可提高模具表面的硬度和使用寿命。例如，3Cr2W8V 钢热挤压模具，先渗碳再经 1140～1150℃淬火，550℃回火两次，表面硬度可达 58～61HRC，使热挤压有色金属及其合金的模具寿命提高 1.8～3.0 倍。

5. 渗碳应用实例

例：3Cr2W8V 热挤模的高温渗碳

（1）模具概况

轴承套圈的材料是 GCr15 钢，采用热挤压工艺制造毛坯，挤压时的工作温度大于 950℃。模具凹、凸模的表面温度为 600～700℃，模具在高温和高应力共同作用下寿命较低。因此，挤压模具的凸、凹模采用 3Cr2W8V 材料来制造。未采取表面处理措施以前的热处理工艺为 1100℃淬火，然后 580℃回火，模具凹、凸模的表面硬度为 44～48HRC，模具寿命为 1000～2000 件。其主要失效形式有以下几种。

①热磨损造成挤压凸模和凹模表面拉毛，进而造成沟槽，致使模具因工作零件磨损而失效。

②由于交变热应力和弯曲应力的作用，使凸模沿根部断裂。

③由于热应力和凸、凹模表面各种交变应力的作用，使凸模表面和凹模型腔产生龟裂。

在上述三种失效形式中，第一种失效形式出现得最多。

通过分析模具失效的原因，寻找提高模具寿命的措施。3Cr2W8V 是一种广泛使用的热作模具钢。分析其成分，含合金元素 W、Cr 较多，而含碳量较少，为使模具工作零件表层有足够的含碳量与钢材原有的 W、Cr 合金元素相适应，应采用高温渗碳的方法。模具工作零件表层含碳量增加以后，模具工作零件表层的耐磨性和热硬性将显著提高，而心部仍保持有足够的韧性，以提高轴承热挤压模具的寿命。

（2）渗碳工艺

采用固体渗碳，渗碳箱尺寸为 300mm×300mm×170mm，用不锈钢制成。渗碳剂为市售颗粒固体渗碳剂。加热设备为 RJJ-25-13 高温箱式炉。渗碳后淬火介质为 L-AN32 全损耗系统用油（原 20 号机油）。金相试样棒为 ϕ15mm×20mm，渗碳层深度试样棒为 ϕ30mm×100mm。

将挤压凸、凹模埋入渗碳箱，密封后装入炉中，升温至 850℃，保温 1～2h，再升温至渗碳温度。达到渗碳温度后，保温 2～3h，随炉降温到 1000℃，停留一段时间后迅速出炉开箱淬火。

轴承是定型的产品，且大批量生产，故有条件通过试验确定最适宜的渗碳温度。试验采用的渗碳温度为 1000℃、1050℃、1100℃、1150℃。

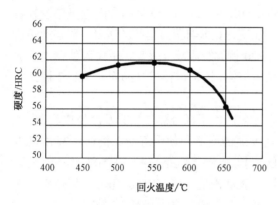

图 3.3-4　模具凸模高温渗碳回火硬度曲线

模具工作零件及试样经不同温度渗碳直接淬火后，需回火处理。回火温度的数值是通过试验得出的。图 3.3-4 是模具的凸模经 1100℃高温渗碳并直接淬火后，其表面硬度随回火温度变化的曲线。显然，500～550℃区为模具的二次硬化峰区，回火温度超过 650℃，模具硬度开始明显下降。考虑到二次硬化时对模具韧性的影响，最后选用 600～620℃为热挤压模具的回火温度。模具工作零件渗碳后，采用两次回火。

表 3.3-1 是加工 6209 轴承用的凸模经不同温度渗碳直接淬火后，经 600℃两次回火，对其表面强度、渗碳深度、金相组织的检验结果。分析表 3.3-1 中数据可知，方案Ⅲ具有良好的渗碳层组织和表面状况，因此选用 1100℃作为模具的高温渗碳温度。图 3.3-5 是根据上述条件确定的轴承热挤压模具工作零件高温渗碳的热处理工艺曲线。

表 3.3-1　不同渗碳温度下热挤压模具工作零件的硬度、渗层、组织及表面状况

方案	模具名称	渗碳温度/℃	渗碳淬、回火后硬度/HRC	渗层深度/mm	表层碳化物形态	芯部组织	表面状况
Ⅰ	6209 挤压冲头	1000	46～50	0.5～0.8	粒状、分布均匀	T 回+颗粒碳化物	良好
Ⅱ	6209 挤压冲头	1050	50～54	0.8～1.0	颗粒细小、分布均匀	M 回+颗粒碳化物	良好
Ⅲ	6209 挤压冲头	1100	56～60	1.0～1.3	颗粒细小、弥散分布	M 回+颗粒碳化物	较好
Ⅳ	6209 挤压冲头	1150	56～62	1.1～1.4	颗粒圆整、弥散分布	M 回+颗粒碳化物	局部烧损

按图 3.3-5 所示的工艺处理后，对试件表层含碳量进行分析，得到表层含碳量的分布情况如图 3.3-6 所示。从图中可以看出，其表层含碳量分布极为平缓，无明显转折区。试件基体 ω（C）（碳的质量分数）为 0.41%，可以看出有较深的渗碳层。

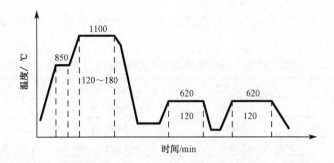

图 3.3-5　轴承热挤压模具工作零件高温渗碳的热处理工艺曲线

热加工模具工作时会反复在高温和常温下变化，故需考虑模具工作零件的耐回火性，图 3.3-7 是模具工作零件回火稳定曲线。显然高温渗碳使模具工作零件具有较高的抗回火性能。图 3.3-7 中曲线 1 和曲线 2 分别是 1100℃高温渗碳淬火后，在 580℃和 600℃回火温度下热挤压模具的热稳定性能。

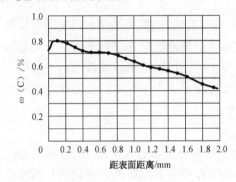

图 3.3-6　热处理后试件表层含碳量分布曲线　　　　图 3.3-7　模具工作零件的回火稳定曲线

可以认为：曲线 1 比曲线 2 具有更高的抗回火能力储备，但考虑到热挤压模具的工作条件及组织稳定，为避免因附加应力的增加而导致韧性降低，实际应用中还是选用 600～620℃回火温度为宜。

（3）使用效果

经上述工艺处理的模具工作零件，使模具使用寿命显著提高。生产 6304、6205、6209、6210 轴承套圈的热挤压模具，对其凸模和凹模采用高温渗碳处理后，寿命可提高 4～10 倍，表 3.3-2 是采用相同的 3Cr2W8V 材料而采用不同淬火工艺其寿命和失效形式的比较。

表 3.3-2　采用不同淬火工艺其寿命和失效形式的比较

模具型号	热处理工艺	使用寿命/件	失效形式
6304 轴承挤压凸模	普通淬火	1 000～2 000	表面拉毛、刃部崩陷
	高温渗碳	8 000～10 000	刃部磨损
6304 轴承挤压凹模	普通淬火	1 000～1 500	型腔拉毛、过量磨损
	高温渗碳	7 000～9 000	型腔磨损

表 3.3-3 是模具工作零件采用高温渗碳工艺与其他化学热处理工艺的比较。从使用结果来看，采用 3Cr2W8V 制造工作零件的热挤压模具经高温渗碳处理后，模具使用寿命不仅比

普通热处理工艺有较大幅度的提高，而且同其他化学热处理相比，其使用寿命可与硼氮共渗相媲美。

表 3.3-3　模具工作零件采用高温渗碳工艺与其他化学热处理工艺的比较

模具型号	热处理工艺	使用寿命/件	失效形式
6205 轴承挤压凸模	高温渗碳	8 000～10 000	刃部磨损
6205 轴承挤压凸模	普通渗碳	3 000～4 000	刃部磨损、热裂
6205 轴承挤压凸模	液体氮碳共渗	4 000～6 000	表面拉毛、刃部磨损
6205 轴承挤压凸模	渗硼	5 000～7 000	渗层剥落、断裂
6205 轴承挤压凸模	硼氮共渗	8 000～10 000	刃部磨损、少量渗层剥落

（4）分析与讨论

3Cr2W8V 经高温渗碳工艺处理后，之所以具有高的热硬性、高温耐磨性和热稳定性，以及良好的断裂韧度和耐热疲劳性，经分析可能原因有以下几个方面。

1）良好的表层碳浓度分布

由于高温渗碳是在 1100℃高温下进行的，致使铁原子的自扩散能力增强，钢表面空位数量及位错密度显著增加，有利于碳的扩散，从而造成渗碳层碳浓度分布极为平缓，无明显转折区，因此渗层与基体结合性良好，不易剥落。由图 3.3-6 还可以看出：模具经高温渗碳处理后，表面 ω（C）＝0.8%左右，这种碳浓度被认为具有较好的力学性能，实际使用过程中也已得到证实。

2）良好的渗层组织及性能

3Cr2W8V 热挤压模具高温渗碳组织为回火马氏体，基体上分布着大量细小、弥散的合金碳化物，这些优异的碳化物形态和分布能显著增加模具工作零件的耐磨性、热硬性和热稳定性。此外，由于高温下奥氏体成分比较均匀，使淬火后残留奥氏体细小分布，也间接地提高了模具工作零件的韧性。

通过显微观察发现，高温渗碳与普通渗碳相比，其表层合金碳化物无论从形态、数量还是从弥散分布程度上均有较大差异，结果造成表层和次层合金元素"富集"，增加了表面合金化程度，提高了凹、凸模的表面性能。

3）良好的芯部组织及性能

3Cr2W8V 热挤压模具在 1100℃高温下渗碳，其心部组织的奥氏体转变也变得较均匀，淬火后，可得到较多的板条马氏体组织，能提高钢的韧性，防止模具工作零件早期断裂。同时，心部组织的硬度也较高，硬度为 45～48HRC。渗层与基体硬度差异小，故其结合能力强。

4）良好的高温力学性能

热挤压模具经高温渗碳后，由于表层组织为回火马氏体，基体上分布着大量细小、弥散的特殊合金化合物，且这类碳化物不易积聚长大，从而使得模具工作零件具有高的热硬性、耐磨性及热稳定性，基本上消除了模具使用过程中的"拉毛现象"。

对加工套圈 10 000 件后的模具工作零件表面进行检测，发现其硬度值仍能保持在 50～54HRC，表面也无明显磨损。

综上所述，3Cr2W8V 钢的模具工作零件表层具有类似高速钢的强度性能，而心部有3Cr2W8V 钢强韧化处理后高的综合力学性能，这种"外强内韧"的良好配合性能决定了热挤压模具具有高的使用寿命。

5）注意事项

①应选用杂质少的渗碳剂。

②渗碳后淬火应迅速，尽量减少模具氧化脱碳现象。

③渗碳淬火后工件表面可能有局部烧损现象，应留有适量磨量，但不宜过大，以免破坏表层压应力分布。

④渗碳淬火后应迅速转入后加工工序，否则应进行防锈处理。

⑤为保持热挤压模具具有良好的热疲劳性能，表面 ω（C）≤1%。

（二）渗氮

渗氮（也称氮化）是把钢件置入含有活性氮原子的气氛中，加热到一定温度（一般在 Ac1 以下），保温一定时间，使氮原子渗入工件表面形成氮化物的化学热处理工艺。渗氮后的凹模与凸模变形小，具有比渗碳更高的硬度（硬度可高达 1 000～1 200HV）。渗氮按目的不同，分为强化渗氮和抗蚀渗氮，最终目标是提高工件的表面硬度、耐磨性、疲劳强度及耐蚀性能。

常用的渗氮模具用钢有 38CrMoAlA、Cr12、Cr12MoV、3Cr2W8V、5CrNiMo、4Cr5MoSiV 等。模具在渗氮前一般要进行调质处理，为不影响模具的整体性能，渗氮温度一般不超过调质处理的回火温度，一般为 500～570℃。常用的渗氮方法有气体渗氮、离子渗氮等。

1. 气体渗氮

气体渗氮通常在井式炉内进行，方法是把已脱脂净化的工件放在密封的炉内加热，并通入氨气。氨气在 380℃以上就能分解出活性氮原子，活性氮原子被钢表面吸收，形成固溶体和氮化物，氮原子逐渐向里扩散，从而获得一定深度的渗氮层。常用的气体渗氮温度为 550～570℃，渗氮时间取决于所需的渗氮层深度。一般渗氮层深度为 0.4～0.6mm，渗氮时间为 40～70h，因此气体渗氮的生产周期很长。

常规气体渗氮周期长、生产率低、费用高、对材料要求严格，因而在应用上会受到一定的限制。长期以来，人们不断探索新的渗氮方法，有许多新工艺日趋成熟，正广泛应用于生产，如离子渗氮、真空渗氮等。

2. 离子渗氮

离子渗氮是在一定的真空度下，利用工件（阴极）和阳极间产生的辉光放电现象进行的，所以又称辉光离子渗氮，其装置示意图如图 3.3-8 所示。以工件为阴极，以炉壁为阳极，通入 400～750V 的直流电，氨气被电离成氮和氢的正离子及电子，这时工件表面形成一层辉光。具有高能量的氮离子以很大速度轰击工件表面，将动能转变为热能，使工件表面温度升高到 450～650℃；同时氮离子在阴极上获得电子后，还原成氮原子而渗入工件表面，并向内扩散形成渗氮层。

离子渗氮的特点如下所述。

①渗氮速度快，生产周期短。以 38CrMoAlA 钢为例，要求渗氮层深度为 0.5～0.7mm，硬度大于 900HV 时，气体渗氮需 50h 以上，而离子渗氮只需 15～20h。

②渗氮层质量高。由于离子渗氮的阴极溅射有抑制形成脆性层的作用，因此明显提高了

图 3.3-8 钟罩式离子渗氮炉渗氮层的韧性和疲劳极限。

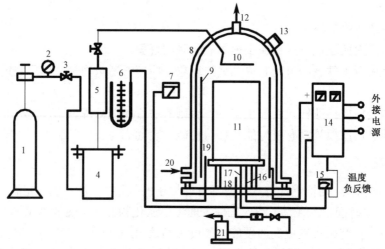

1—氮气瓶；2—压力表；3—阀；4—干燥箱；5—流量计；6—U 形真空管；7—真空计；
8—钟罩；9—阳极；10—进气管；11—工件；12—出气管；13—窥视孔；14—直流电源；
15—电压表（毫伏计）；16—阴极；17—热电偶；18—抽气管；19—真空规管；20—进水管；21—真空泵

图 3.3-8　钟罩式离子渗氮装置示意图

③工件变形小。

④对材料的适应性强。

⑤成本高，对模具表面有小孔或沟槽的区域强化效果不好。

渗氮一般是模具在整个制造过程中的最后一道工序，处理后只需少量的精磨或研磨加工。渗氮前一般要求先进行调质处理，以获得回火索氏体组织。渗氮层具有优良的耐磨性，对冷、热模具都适用。例如，3Cr2W8V 钢压铸模、挤压模等经调质并在 520～540℃渗氮后，使用寿命比未经渗氮的模具提高了 2～3 倍。德国引进的压力机热冲模使用寿命很高，进行解剖分析后发现模具表面约有 140μm 的渗氮层。

3. 渗氮应用实例

例：Cr12MoV 钢制拉深模的离子渗氮处理

加工工件为蜗壳，材料是 1mm 厚的 1Cr18Ni9Ti 不锈钢板，采用 Cr12MoV 钢制造拉深的凸、凹模，寿命低，主要失效形式是啮合和磨损。采用在凹模表面涂润滑剂的方法，虽产品表面质量有所改善，但不能明显减缓凹模表面的黏着磨损。后来对凹模进行了离子渗氮的表面强化处理，产品质量和模具寿命得到大幅度的提高。主要工艺如下所述。

（1）凹模的预先热处理

Cr12MoV 钢凹模的工艺路线为锻造→球化退火→机加工→淬火→回火→精加工→离子渗氮→装配。

球化退火的作用是消除锻造残余内应力，改善组织，降低硬度，便于切削加工。其退火工艺是，860℃加热 3h，在 740℃保温 4h 进行退火。

淬火和回火的操作是，淬火前在模具工作零件表面涂 WAC-1 型防氧化脱碳涂料，550℃

预热 40min，再加热到 1030℃，保温 30min，在油中淬火，然后在 200℃回火 1h。此时模具硬度为 61HRC。

（2）离子渗氮处理

离子渗氮在 LD-60 炉中进行，通入氨分解气，气压保持在$(5\sim8)\times10^2$Pa，辉光放电电压为 500～600V，电流密度为 1mA/cm^2。在 500℃温度下，经 5h 渗氮，得到渗氮层总深度为 0.12mm，渗氮层硬度为 1 200HV。

拉深凹模经淬火、回火、离子渗氮处理后，拉深工件质量大大提高，凹模表面不再有拉毛现象。凹模失效形式由原来的啮合变为正常磨损，模具寿命显著提高。渗氮效果见表 3.3-4。

由表 3.3-4 可见，离子渗氮处理显著提高了拉深模的寿命，分析其原因，一方面是模具工作零件表面渗氮层具有很高的硬度和耐磨性，更重要的是渗氮处理在凹模表面形成了一层化合物保护膜，大大降低了凹模表面与材料之间的摩擦因数；另一方面化合物层降低了摩擦副之间的互溶性，避免了啮合的出现。

表 3.3-4　离子渗氮对模具寿命的影响

模具工作零件材料	热处理方法	模具寿命/件	失效形式
Cr12MoV	淬火+回火	2 000	啮合、刮伤
	淬火+回火+离子渗氮	50 000	均匀磨损

对于拉深凸模没有进行渗氮处理。凹模侧壁与板材之间的摩擦力不仅增大了拉深件传力区的拉应力，而且也是产生啮合的原因之一，因此，应尽量降低。而凸模侧壁与板料之间的摩擦力可阻止板料在危险截面的变薄过程，有利于拉深的进行，不宜降低，况且原凸模的耐磨性明显高于凹模。

（三）碳氮共渗和氮碳共渗

碳氮共渗和氮碳共渗都是向钢表面同时渗入碳、氮原子的过程，但碳氮共渗是以渗碳为主，而氮碳共渗是以渗氮为主。

1. 碳氮共渗

以渗碳为主的碳氮共渗方法有液体碳氮共渗和气体碳氮共渗。其主要目的是提高工件的表面硬度、耐磨性和疲劳极限。生产中应用较广的是中温气体碳氮共渗，其共渗的介质是渗碳和渗氮用的混合气体。生产中最常用的方法是在井式气体渗碳炉中滴入煤油（或甲苯、丙酮等），同时向炉中通入渗氮用的氨气。气体碳氮共渗所用的钢种大多为低碳或中碳的碳钢及合金钢，共渗温度常采用 820～860℃。气体碳氮共渗的碳、氮含量主要取决于共渗温度；共渗温度越高，共渗层的碳含量越高，氮含量越低；反之，共渗温度越低，共渗层的碳含量越低，氮含量越高。

2. 氮碳共渗

生产上把以渗氮为主的气体氮碳共渗工艺称为气体软氮化。常用的共渗介质有氨加醇类液体（甲醇、乙醇），以及尿素、甲酰胺和三乙醇胺等，它们在一定温度下会发生热分解反应，产生活性氮、碳原子。活性氮、碳原子被工件表面吸收，通过扩散渗入工件表层，从而获得以氮为主的氮碳共渗层。气体氮碳共渗的常用温度为 560～570℃，时间为 2～5h。图 3.3-9 所示为3Cr2W8V 钢和 Cr12MoV 钢模具进行尿素气体低温氮碳共渗的工艺曲线。

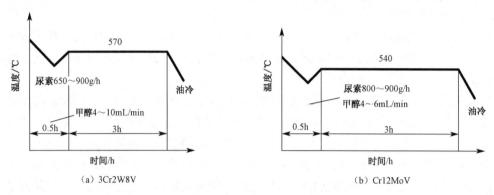

(a) 3Cr2W8V　　　　　　　　(b) Cr12MoV

图 3.3-9　尿素气体氮碳共渗工艺曲线

与气体渗氮相比，气体氮碳共渗具有以下特点：

①渗入温度低，时间短，工件变形小。

②不受钢种的限制。碳钢、低合金钢、工具钢、不锈钢等材料均可进行气体氮碳共渗。

③能显著提高工件的疲劳极限、耐磨性和耐蚀性。

④共渗层硬且具有一定的韧性，不易剥落。

目前，气体氮碳共渗已经广泛用于压铸模、热挤压模、锤锻模、冲压模、塑料模等。但气体氮碳共渗层中化合物层厚度较薄（0.01～0.02mm），且共渗层硬度梯度较陡，所以不适宜在重载环境下使用。

3. 碳氮共渗和氮碳共渗应用实例

例：球墨铸铁制拉深模的中温气体碳氮共渗处理

柴油机壳体二次拉深模，材料为厚度 1.2mm 的冷轧钢板，第二次拉深是从 ϕ66mm×51mm 拉深至 ϕ50mm×76mm，拉深凹模采用球墨铸铁 QT600-3 制造。其表面强化处理采用中温气体碳氮共渗。碳氮共渗工艺过程可分为两步，如图 3.3-10 所示。

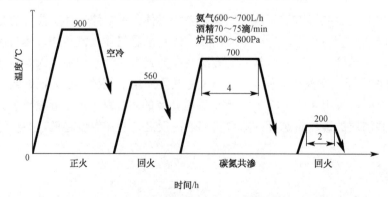

图 3.3-10　QT600-3 铸铁热处理和碳氮共渗工艺曲线

（1）正火

加热至900℃空冷，560℃回火，目的是获得硬度为240～300HBW 的珠光体基体，为碳氮共渗做好基体组织准备。

（2）碳氮共渗

碳氮共渗的工艺参数如图 3.3-10 所示。

经上述处理后的凹模表面形成白亮层，白亮层深度为 0.05mm，硬度为 760～850HV，并有石墨存在，因而既有良好的耐磨性，又有良好的润滑及减摩作用，可使模具的黏着磨损减少到最低程度，从而可大大提高模具的寿命，拉深凹模的使用寿命见表 3.3-5。

表 3.3-5　拉深凹模的使用寿命

材　料	热处理工艺	使用寿命/件
Cr12	淬火+低温回火	200～300
QT600-3	淬火+低温回火	250
QT600-3	正火+碳氮共渗	3 100～3 900

例：3Cr2W8V 钢制压铸模的两段氮碳共渗处理

照相机机身的材料是铝合金，采用压铸模制造。压铸模工作零件采用 3Cr2W8V 钢制造，采用两段氮碳共渗处理，可有效地提高模具寿命。

氮碳共渗的设备选用 JT-25 型气体渗碳炉，渗剂为氨和乙醇，催渗剂为 $CaCl_2$，洁净剂为 NH_4Cl。$CaCl_2$ 取 35g、NH_4Cl 取 40g 分别装在两个不锈钢小盒内，上面覆盖硅砂，放在渗碳罐底部。工作零件装炉前要用汽油、乙醇清洗。

氮碳共渗时，向炉内先通氨气以排除炉内空气，工艺曲线如图 3.3-11 所示。共渗分两段进行，第一段 570℃保温 4h，第二段 600℃保温 2h。通氨量皆为 500～560L/h，无水乙醇量均为 50～60 滴/min，处理完备后关闭乙醇，继续向炉内按 50～100L/h 通氨气。模具工作零件出炉后可空冷或油冷，回火温度为 200℃。

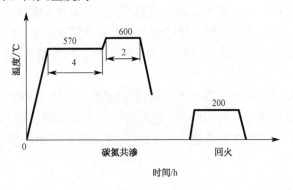

图 3.3-11　氮碳共渗与回火工艺

进行共渗时，要防止 NH_4Cl 堵塞排气口，炉内压力保持 400～600Pa（40～60mm 水柱）。经两段氮碳共渗处理的压铸模，基本无变形，使用寿命由 3 000 件提高到 25 000 件。

例：18 种工模具氮碳共渗处理的效果

氮碳共渗处理在塑料模、热锻模等各种模具的制造中都有广泛的应用，显著地提高了模具寿命，有关实例见表 3.3-6。

表 3.3-6　18 种工模具氮碳共渗处理效果

工模具名称	材　料	原来工艺及寿命	现在工艺及寿命
搓丝板	Cr12MoV	淬火、回火，3 天	尿素气体氮碳共渗，3～4 星期
键槽铣刀	高速钢	淬火、回火，20～40 天	三乙醇胺：乙醇=1：1，氮碳共渗，190 件
丁字铣刀，平面铣刀	高速钢	淬火、回火	三乙醇胺：乙醇=1：1，氮碳共渗，寿命提高 2～3 倍
复式落料模	CrWMn	淬火、回火	喷入法甲酰胺氮碳共渗，寿命提高 10 倍
靠模	20Cr	渗碳、淬火	喷入法甲酰胺氮碳共渗，寿命提高 3 倍
流量计塑料模	T10	不热处理	尿素气体氮碳共渗，变形小，耐磨好
M10～M12 螺母热冲模	2Cr2W8	淬火、回火，2h	尿素气体氮碳共渗，60h
M30 螺栓冷镦模	Cr12MoV	淬火、回火，2000～3000 件	增加尿素气体氮碳共渗，2 万件以上
M16 螺栓冷镦模		原用 T10 钢淬火、回火，1 万件	改用 Cr12MoV 钢氮碳共渗，13 万件以上
活塞销冷挤模	W6Mo5Cr4V2	1190℃淬火，560℃回火，2000 件	增加甲酰胺氮碳共渗，2 万件以上
缝纫机梭架冷挤模	65Nb	淬火、回火，1300～7100 件	增加甲酰胺氮碳共渗，2.5 万件以上
缝纫机梭子冷挤模	W18Cr4V	淬火、回火，1.5 万～1.8 万件	增加甲酰胺氮碳共渗，2.5 万～3 万件以上
冷打花键滚轧模	W18Cr4V	淬火、回火，250m/只	增加甲酰胺氮碳共渗，2000m/只
气门嘴铜挤压模	3Cr2W8	淬火、回火，1 万件	增加尿素气体氮碳共渗，2 万～2.6 万件
铝合金压铸模	3Cr2W8	液体氮碳共渗，3 万件	尿素气体氮碳共渗，5 万件
缝纫机曲柄热锻模	3Cr2W8	淬火、回火，5000 件	尿素气体氮碳共渗，1 万件
六角呆板手热锻模	3Cr2W8	淬火、回火，5000 件	尿素气体氮碳共渗，1.5 万件
柴油机叶片高速锻模	4Cr5W2VSi	淬火、回火，3 232kPa 压力下有黏模	尿素气体氮碳共渗，2 525kPa 压力锻造

注：表内模具均为模具工作零件。

（四）渗硼

渗硼是将金属材料置于含硼的介质中，经过加热和保温，使硼元素渗入其表面层，形成硼化物的工艺过程。渗硼可以使模具表面获得很高的硬度，因而能显著地提高模具的表面硬度、耐磨性和耐蚀性，是一种提高模具使用寿命的有效方法。例如，Cr12MoV 钢制冷镦六方螺母凹模，经一般热处理后，使用寿命为 3000～5000 件，经渗硼处理后，可提高到 5 万～10万件。

模具钢渗硼后，渗硼区主要由两种不同的硼化合物（Fe_2B 和 FeB）组成。FeB 中的硼含量高，具有较高的硬度（1890～2340HV），但其脆性大，易剥落；Fe_2B 的硬度较低（1290～1680HV），但脆性较小。通常希望渗硼区中 FeB 的量少些，甚至希望得到单相的 Fe_2B 层。渗硼层具有以下特性。

（1）硬度与耐磨性

钢铁渗硼后表面具有极高的硬度，所以具有很好的耐磨性，渗硼层的耐磨性优于渗碳和渗氮，图 3.3-12 是 15 钢试样在各种热处理状态下的磨损情况。

（2）高温抗氧化性及热硬性

钢铁渗硼后所形成的铁硼化合物（FeB、Fe_2B）是一种十分稳定的金属化合物，它具有良好的热硬性，经渗硼处理的模具一般可在 600℃以下可靠地工作。

渗硼层的抗高温氧化性也很好，将渗硼试件放在电炉中加热，在不加保护的情况下加热到 800℃以上，保温 30min 空冷后，检验其渗硼层组织，仍保持完好无损，表明它具有良好的抗高温氧化能力。

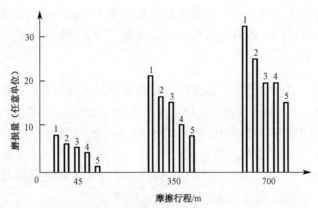

1—渗碳淬火；2—碳氮共渗；3—盐浴渗氮；4—渗硼（7μm）；5—渗硼（5μm）

图 3.3-12　15 钢试样在各种热处理状态下的磨损情况

（3）耐蚀性

渗硼层在酸（除硝酸外）、碱和盐的溶液中都具有较高的耐蚀性，特别是在铬酸、盐酸、硫酸、醋酸和磷酸中具有很高的耐蚀性，例如，45 钢渗硼后，在硫酸、盐酸水溶液中的寿命比渗硼前可提高 5～14 倍。

（4）渗硼层的脆性

渗硼层的硬度高、脆性较大。渗硼工件在承受强大的冲击载荷时，容易发生渗层剥落与开裂。为了降低渗硼层的脆性，渗硼件在形状上应避免尖锐的棱边和棱角，而且应选择合适的渗硼工艺，力求获得单相 Fe_2B 组织。渗层不宜过厚，一般取 0.03～0.10mm 即可。渗硼采用均匀化退火及共晶化处理，是降低脆性的有效措施。

适合渗硼的材料十分广泛，几乎包括所有的钢铁材料，如结构钢、工具钢、模具钢、铸铁均可进行渗硼，硬质合金、有色金属也可以进行渗硼。

对于模具制造中常用的钢材，如 T8、T10、GCr15、Cr12MoV、W18Cr4V 等，与普通结构钢相比，这类钢随含碳量与合金元素含量的增加，渗硼效率有所降低，在模具制造中用渗硼提高模具寿命已成为主要的表面强化方法之一。

对于钢中 $\omega(Si) \geq 2\%$ 的材料，由于渗硼时，硅被挤到硼化物下面，形成富硅区，出现了铁素体软带，容易造成模具过早失效，所以不宜用渗硼处理，此外如 38CrMoAl 这类含铝的钢，也不适宜采用渗硼处理。

渗硼过程分为分解—吸收—扩散三个阶段。常用的渗硼方法有固体渗硼法（粉末法）、盐浴渗硼法、气体渗硼法等。

1. 固体渗硼法（粉末法）

把工件埋在含硼的粉末中，并在大气、真空或保护气氛条件下加热至 850～1050℃，保温 3～5h，可获得 0.1～0.3mm 厚的渗层。

渗硼剂可以用无定形硼、硼铁、硼氟酸钠、碳化硼、无水硼砂等含硼物质，并配制适量的氧化铝和氯化氨等制成。也可把渗硼剂喷于工件上或制成膏状涂敷在工件表面，然后用感应加热使之在短时间内扩散，获得一定的硼化物渗层。

固体渗硼的设备较为简便，适于处理大型模具。固体渗硼的缺点是渗硼速度较慢；碳化硼、硼铁粉等价格昂贵；热扩散时间较长，且温度高、渗层浅等。

2. 盐浴渗硼法

这种方法是把工件放在盐浴中扩散渗硼。盐浴成分有不同组合：在无水硼砂中加入碳化硼或硼化铁，在 900～1000℃ 下保温 1～5h，得到 0.06～0.35mm 的渗层；在熔融的硼砂中加入氯化钠、碳酸钠或碳酸钾，在 700～850℃ 下保温 1～4h，可得到 0.08～0.15mm 的渗层；在氯化钡及氯化钠中性盐浴中加入硼铁或碳化硼，在 900～1000℃ 下保温 1～3h，可得到 0.06～0.25mm 的渗层；在以价廉的硼砂为主体的盐浴中加入碳化硅或硅化钙等还原剂，在 900～1100℃ 下保温 2～6h，可得到 0.04～0.12mm 的渗层。

盐浴渗硼法的优点是，可通过调整渗硼盐浴的配比来控制渗硼层的组织结构、深度和硬度；渗层与基体结合较牢，模具表面粗糙度不受影响；工艺温度较低；渗硼速度较固体法快；设备和操作简便。此法的缺点为盐浴流动性较差，模具表面残盐的清洗较困难。

3. 气体渗硼法

将被处理的工件在二硼烷和氢或三氯化硼和氢的气体中加热，渗硼温度为 750～950℃，保温 2～6h，可得到 0.05～0.25mm 的渗层。

气体渗硼法的优点是渗层均匀；渗硼温度范围较宽；渗硼后工件表面清洗方便。但由于二硼烷不稳定并有爆炸性，而三氯化硼容易水解，此法尚待进一步完善。

目前我国大多数工厂采用盐浴渗硼法，采用硼砂加碳化硅的盐浴较多。

4. 渗硼应用实例

例：Cr12MoV 钢制冰箱 F2.QB-207 凹模的固体渗硼处理

Cr12MoV 钢制冰箱压缩机的凹模和上模，如图 3.3-13 所示。在按 1040℃ 淬火、200℃ 回火的常规淬火回火工艺处理后，模具平均使用寿命不高，一般约为 2000 件，失效形式为表面磨损。采用渗硼处理，可提高耐磨性，并可使模具寿命提高十几倍，效果显著。

固体渗硼——淬火、回火处理的工艺，如图 3.3-14 所示。

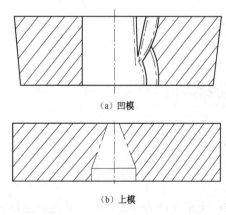

（a）凹模

（b）上模

图 3.3-13　冰箱压缩机冷冲模示意图

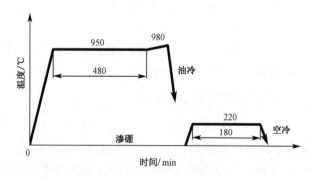

图 3.3-14　Cr12MoV 冲模固体渗硼——淬火、回火工艺

固体渗硼剂可采用颗粒渗硼剂,或碳化硼 1%+氟硼酸钾 5%+氯化铵 0.3%+碳化硅余量的渗剂。渗硼结束后,可随炉升温到 980℃,在进行一定的保温后,出箱淬油,并进行 220℃×3h 的回火。按上述工艺处理后,渗硼层深可达 0.055mm,表面硬度为 1500～1650HV。渗硼模具在冲 20 000 件后,只有少量磨损,寿命可提高约 10 倍。

(五) 渗金属

将钢件加热到适当温度,使金属元素扩散并渗入钢件表层的化学热处理工艺称为渗金属,渗入的金属元素与工件表层中的碳结合形成金属碳化物层,如(Cr, Fe)$_7$C$_3$、VC、NbC、TaC 等。渗金属工艺适用于高碳钢,渗入元素大多数为 Cr、V、W、Mo、Ta 等。为获得碳化物层,基体材料碳的质量分数必须超过 0.45%。渗金属的方法可分为直接扩散法和覆层扩散法两类。直接扩散法和其他化学热处理方法一样,也是将模具直接放置于固体、液体或气体的渗金属介质中进行加热扩散,并形成渗层。覆层扩散法是将欲渗的金属用电镀或喷镀(喷涂)、热浸镀等方法覆盖在金属基体的表面,然后加热扩散形成渗层。模具表面的渗金属通常有渗铬、渗钒等。

1. 渗铬

将铬渗入工件表面的化学热处理工艺称为渗铬,其目的是提高工件的耐磨性、耐蚀性和抗氧化性。例如,9CrWMn 钢制铁壳拉深模(板料为 08F),在没有渗铬时只能拉深几百次到 1000 次就产生拉毛磨损现象,后经渗铬处理,其使用寿命延长到 10 万次;某厂对高碳钢制造的压弯模、拉深模进行固体包装渗铬,其使用寿命超过原来的 3 倍以上。与电镀铬相比,渗铬层更致密、均匀,并且与基体的结合比较牢固,同时渗铬层的耐蚀性、抗氧化性也比镀铬层好。渗铬方法有固体渗铬法、盐浴渗铬法和气体渗铬法等。在模具生产中应用较多的是固体渗铬法中的粉末渗铬法和真空渗铬法。

模具在渗铬过程中,由于在高温下长时间加热,引起基体组织中晶粒剧烈长大,使基体的力学性能降低,特别是高碳钢模具,其渗铬层很薄,要求强度较高的基体来支持,否则在使用中受力会使基体发生塑性变形,导致渗铬层脆性剥落。因此,渗铬后还需对模具进行热处理,其热处理工艺仍按照基体材料的钢号及要求进行,不必考虑渗铬层的组织,因为渗铬层的组织、硬度和耐磨性基本上不受热处理的影响。

渗铬对在热态工作或承受强烈摩擦的模具有显著效果,适用于锤锻模、压铸模、塑料模、拉深模等。

2. 渗钒

渗钒的目的是提高工件表面的耐磨性和耐蚀性。其方法是将工件置于能产生活性钒原子的介质中,加热到一定温度并保温,使钒渗入工件表面,并与碳形成碳化物。渗钒的方法有固体粉末渗钒和硼砂盐浴渗钒,目前生产中应用较多的是用硼砂盐浴渗钒。

渗钒层在众多硬化层中具有最高的显微硬度,从而使渗钒层具有非常好的耐磨性。例如,Cr12 钢制作的螺母冷镦模经渗钒后使用寿命提高 6 倍;GCr15 钢制作的冷挤轴承环凹模,渗钒后寿命提高 8 倍。据报道,硼砂盐浴渗钒所获渗层不仅耐磨性好,而且具有较低的摩擦因数和优异的抗黏着性能,因此多用于热挤压模。

3. TD 法渗钒、渗铌和渗铬

TD 法是用熔盐浸镀法、电解法及粉末法进行扩散型表面硬化处理技术的总和。实践中应用最广的是在模具表面获得 VC、NbC、Cr_7C_3 等碳化物型渗层。图 3.3-15 是 TD 法处理用盐浴炉示意图。

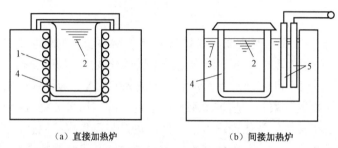

（a）直接加热炉　　　　（b）间接加热炉

1—电热元件；2—TD 用盐浴；3—加热用盐浴；4—耐热钢坩埚；5—加热用电极

图 3.3-15　TD 法处理用盐浴炉示意

TD 法设备简单、操作方便、生产能力高、成本低，而且还具有以下优点：

①无论模具形状如何复杂，都能形成均匀的碳化物被覆层。

②处理后的表面粗糙度与处理前大致相同。

③熔盐的使用寿命长。

④碳化物层磨损后可重新处理，不需要清除残留的碳化物，不影响与基体的结合力。

⑤母材钢种较广，且可通过淬火使基体强化。

采用 TD 法获得碳化物涂层的工艺也有一定的局限性，在应用于模具的表面硬化时，要注意以下几点：

①处理温度高，渗层会引起尺寸胀大，对高精度模具应采取措施，预防变形。

②处理前模具必须加工到要求的表面粗糙度，以保证处理后的表面质量。

③当载荷过大，引起模具产生塑性变形时，会引起碳化物层产生裂纹。

④薄刃模具在薄刃处供碳不足，难以形成厚的碳化物层。

⑤对基体材料的含碳量应合理选择，在不影响钢的韧性或其他性能的条件下，应保证能提供足够的碳，以形成碳化物。

⑥模具在 500℃以上氧化性气氛中长期使用时，会使 VC、NbC 等碳化物层氧化，影响其性能。

（六）多元共渗应用实例

钢的化学热处理不仅可以渗入碳、氮、硼等非金属元素，还可以渗入铬、铝、锌等金属元素。钢的表面渗入金属元素后，使钢的表面形成渗入金属的合金，从而可提高抗氧化、抗腐蚀等性能。

由于各种模具的工作条件差异很大，只能根据模具工作零件的工作条件经过分析和试验，找出最适宜的表面强化方法。当渗入单一元素的化学热处理不能满足模具寿命的要求时，可考虑多元共渗的方法。实践证明，适当的多元共渗方法对提高模具寿命具有显著的效果。

多元共渗的种类很多，难以系统介绍，故选用一些模具多元共渗的实例作为本节的内容。

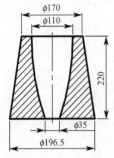

图 3.3-16 制凹模简图

例：热冲模硼碳共渗—渗硫复合处理生产某种部件的挤压模如图 3.3-16 所示，其安装在 3150kN 压力机上大批生产，凹模采用 5CrMnMo 制造，模具在高温、高压的条件下工作。以前按常规热处理，模具寿命短，失效形式是塑性变形、磨损、黏模。经采用表面渗硼+基体强化处理，寿命略有提高，但模具工作零件表面早期出现龟裂发展至剥落。这是因为只经渗硼淬火处理的模具工作零件，在硼化物与过渡区的交界处易出现硬度偏低的软带，造成渗层与基体的结合强度下降。加之热挤压模具在冷热交变应力作用下易使渗层崩落。

为了改善渗层的脆性，采用了以硼为主的多元共渗。工艺分为三段：第一段进行固体硼碳共渗；第二段是热处理强化，以提高模具工作零件心部的性能；第三段是表面液体渗硫处理。

1. 固体硼碳共渗

固体渗硼剂配以适量的渗碳剂，即为硼碳共渗剂。按固体渗硼的方法将凹模装箱，置于电炉中加热，共渗温度为 890℃，保温时间为 7h。渗硼后出炉，直接在油中淬火。为了便于出炉直接淬火，制造了专用夹具，如图 3.3-17 所示。只要打开件 1，取出件 2 和件 3，渗剂 4 则靠自重落入已备好带盖的密封箱中。操作时尽量避免高温渗剂与空气接触，以减少氧化，以便下次重复使用，模具退夹后进行油中淬火，渗层深度为 55~65μm。由于碳的渗入，使过渡区的含碳量增加，从而强化了过渡区，降低了渗层的脆性，使表面不易剥落，改善了渗层性能。

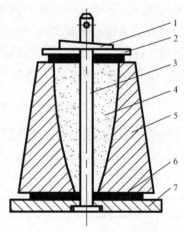

1—斜楔；2—上压板；3—心轴；4—渗剂；

5—模具；6—石棉垫；7—下压板

图 3.3-17 共渗夹具示意图

2. 热处理强化

热挤压模具工作零件经硼碳共渗后，其表面虽然形成了高硬度的硼化物层，而硼化物下面的过渡区及心部的硬度却很低，所以需要进行热处理强化，使过渡区的硬度明显增大，使硼碳共渗区的硬度梯度减少，这样才能充分发挥表面耐磨性的优势。采用的强化热处理工艺如图 3.3-18 所示。工艺的特点之一是碳硼共渗后，在 200℃的循环油中直接淬火。出油温度为 200℃，有利于减小表面内应力，减少开裂倾向，使之形成强度和韧性兼有的下贝氏体组织，再经 460℃回火使其韧性得以提高。

3. 液体渗硫

经硼碳共渗后的表面层，是以 Fe_2B 为主的高硬度硼化物，为了进一步提高其耐磨性，在表面再覆盖一种减摩性能良好的硫化物层。

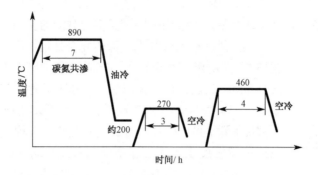

图 3.3-18   强化热处理工艺

模具工作零件渗硫的方法很多，如气体渗硫、离子渗硫、低温电解渗硫、熔融硫中渗硫等。这里选用低温碱性液体渗硫的方法。

低温碱性液体渗硫工艺由活化处理、渗硫和后处理三个基本工序组成。

模具工作零件渗硫后，在表面形成一种质软疏松，以硫化铁为主的灰黑色渗硫层，渗层为 6～15μm。硫化铁不仅具有润滑性能，而且避免了金属间的直接接触，减少了黏模现象。复合处理的关键是硼碳共渗，它不仅保持了渗硼的优良性能，而且强化了过渡区，增强了对渗层的支撑作用。渗硫层使模具具有了润滑作用，所以能使模具寿命提高 3 倍。采用不同热处理方法热挤压凹模使用寿命的对比见表 3.3-7。

表 3.3-7   采用不同热处理方法热挤压凹模使用寿命的对比

处理方法	统计模具数量	平均使用寿命/件	失效形式
常规工艺	12	100～1000	黏模、划伤
渗硼+强化	10	1600～1800	龟裂、剥落
共渗+强化	12	3000～3200	脱模困难
共渗+强化+渗硫	13	3600～4000	失去精度、疲劳失效

例：注射模的硼氮碳共渗处理

用于大批量生产塑料制品的塑料注射模，其使用寿命直接影响到塑料制品的成本。例如，一次性塑料注射器的部件——针座、针筒等，产量很大，对模具寿命的要求很高。

由于注射器零件的模具结构复杂，有的零件表面多孔（几十至上百个），模具工作零件加工完毕后，采用常规热处理强化表面，则难以控制其变形。若采用渗硼处理，但渗硼层较脆，在注射机强大锁模力作用下可能开裂或崩落，为此，考虑以渗硼为基础的多元共渗处理。通过对医用一次性注射针座、护套、一次性输液器针座三种注射模的型腔板及推料板，采用固体粉末硼氮碳复合渗处理，试用效果良好。

1. 硼氮碳共渗的工艺

三副注射模采用电铸镍制作型腔，再镶在型腔板上，每个型腔板上装 32 个型腔。型腔板用 45 钢制造，进行共渗前是正火状态，其长×宽为 240mm×160mm，厚度有 10～30mm 数种。型腔在型腔板上安装检查后，将镍制型腔取出，将型腔板及推料板做多元共渗处理。

使用结果表明，三副经硼氮碳共渗处理的注射模板与未经处理的同样模板对比，摩擦面无拉毛现象出现，表面压陷情况大大减轻，模具平均使用寿命提高 1 倍以上。

45 钢经硼氮碳共渗后表层硬度高达 1500HV，远高于正火态 45 钢硬度，过渡层亦较宽较硬。其显微硬度分布曲线如图 3.3-19 所示。

2. 模具工作零件硼氮碳共渗处理的变形及控制

模具工作零件的热处理变形有两种形式：一种是形状的变化；另一种是体积的变化。它们是由于相变时的比体积变化、热应力、组织应力、残余应力等引起的。

热应力是模具工作零件在加热和冷却过程中，由于各部位的热胀冷缩不均匀引起的一部分金属对另一部分金属的作用力。模具工作零件硼氮碳共渗处理第一阶段在 570℃保温进行碳氮共渗，一方面是共渗工艺的需要；另一方面也使得模具工作零件在升温过程中各部位的温度更加均匀，减小了升温时的热应力。第二阶段处理完毕后，随炉冷却至 300℃后再出炉随渗箱冷却，这种冷却方式使得模具工作零件冷却速度很慢，从而减少了冷却时的热应力。

通过采取以上措施，模具工作零件形状的变化得到了很好的控制。但由于处理前后，表面的成分及组织发生了变化，因此存在着微观上体积的变化，具体表现为体积的膨胀。模具体积的膨胀量与渗剂成分、共渗温度及保温时间等参数有关，图 3.3-20 为 45 钢硼氮碳共渗后双边增厚值及渗层深度与共渗保温时间的关系曲线。从图中可见，随保温时间的增加，渗层深度增加，双边增厚值亦增大，并且两者增大趋势是一致的。因此，零件体积膨胀是由于硼、氮、碳原子渗入造成的。找出尺寸变化规律，加工时预先留出余量，则可使处理后的模具尺寸保持在公差范围之内。

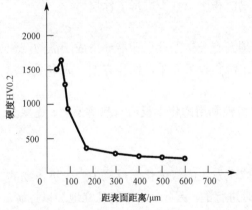

图 3.3-19　45 钢硼氮碳共渗层的显微硬度分布曲线

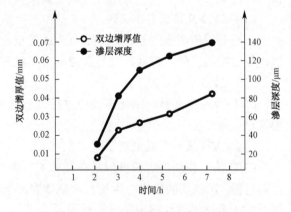

图 3.3-20　45 钢硼氮碳共渗后双边增厚值及渗层深度与共渗保温时间的关系曲线

二、模具表面气相沉积技术

气相沉积是将含有形成沉积元素的气相物质输送到工件表面，在工件表面形成沉积层的工艺方法。其通常是在工件表面覆盖 0.5～1.0μm 的一层过渡族元素（Ti、V、Cr、Zr、W、Mo、Ta、Nb 等）与 C、N、O 和 B 的化合物。按机理可分为物理气相沉积和化学气相沉积两种。气相沉积技术已广泛应用于模具的表面强化处理，常用的沉积层为 TiC、TiN 等。

其性能特点如下所述。

①具有高的硬度（TiC 为 3200～4100HV，TiN 为 2450HV）、低的摩擦因数和自润滑性。

②具有高的熔点（TiC 为 3160℃，TiN 为 2950℃），化学稳定性好，以及具有高的抗黏着磨损能力，发生啮合、冷焊的倾向小。

③具有较强的耐腐蚀能力和较高的抗高温氧化能力。

（一）化学气相沉积

化学气相沉积是利用气态物质在一定的温度下与固体表面进行化学反应，并在表面上生成固态沉积膜的过程，通常称为 CVD（Chemical Vapour Deposition）法。

CVD 法是通过高温气相反应而生成其化合物的一种气相镀覆。涂层材料可以是氧化物、碳化物、氯化物、硼化物，也可以是III-V、II-IV、IV-VI族的二元或多元化合物。通过基体材料、涂层材料和工艺的选择，可以得到许多特殊结构和特殊功能的涂层。在微电子学工艺、半导体光电技术、太阳能利用、光纤通信、超导技术、复合材料、装饰和防护涂层（耐磨、耐热、耐蚀）等新技术领域得到越来越多的应用。

例如，Cr12MoV 钢制冷冲裁模，用 CVD 法沉积 TiN 涂层，其使用寿命提高 2～7 倍；Cr12MoV 钢制冷拉深凸模，用于黄铜弹壳的成形，经 CVD 沉积 6～8μm 厚的 TiC 涂层，其寿命高达 100 万次，比镀铬凸模提高 4 倍。下面着重介绍模具强化的 TiC 和 TiN 涂层。

1. CVD 原理

将含有涂层材料元素的反应介质置于较低温度下汽化，然后送入高温反应室与工件表面接触产生高温化学反应，析出合金或金属及其化合物沉积于工件表面形成涂层。

（1）CVD 反应的基本条件

要想获得所需要的 CVD 涂层，CVD 的反应必须具有一定条件，即能够形成所需的沉积层；反应物的汽化点较低，且易获得高纯度沉积层；沉积设备简单，操作方便，成本适宜。

（2）CVD 反应机理

CVD 反应主要是利用化学反应进行气态沉积，可被利用的化学反应有热解反应、还原与置换反应等。

（3）CVD 涂层形成机理

CVD 法沉积层的形成机理是在基体（工件）触媒上发生的气体化学反应中产生析出物的结晶过程，沉积层的生成与生长是在基体表面上同时进行的，因此，它不能独立地加以控制。图 3.3-21 为化学气相沉积过程示意图。

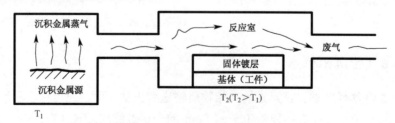

图 3.3-21　化学气相沉积过程示意图

沉积过程可以归纳为如下步骤。

①反应气体介质向基体材料表面扩散并被吸附。

②吸附于基体材料表面的各反应产物发生表面化学反应。

③析出物（生成物）质点向适当的表面位置迁移聚集，形成晶核。

④表面化学反应中产生的气体脱离基体材料表面，返回气相。

⑤沉积层与基体材料的界面发生元素的相互扩散，形成中间层。

2. CVD 种类

化学气相沉积技术有多种分类方法。按主要特征进行综合分类，可分为热化学气相沉积、低压化学气相沉积、等离子体化学气相沉积、激光（诱导）化学气相沉积、金属有机化合物化学气相沉积等。

（1）热化学气相沉积（TCVD）

TCVD 是利用高温激活化学反应进行气相生长的方法，常应用于半导体和其他材料。广泛应用的 CVD 技术，如金属有机化学气相沉积、氢化物化学气相沉积等，都属于这个范围。

（2）低压化学气相沉积（LPCVD）

LPCVD 的压力范围一般在 $1\times10^4\sim4\times10^4$ Pa。由于低压下分子平均自由程增加，因而加快了气态分子的输运过程，反应物质在工件表面的扩散系数增大，使薄膜均匀性得到改善。当化学反应对压力敏感时，常压下不易进行的反应，在低压下会变得容易进行。

（3）等离子体化学气相沉积（PCVD）

在常规的 CVD 中，促使其化学反应的能量来自热能，而 PCVD 除热能外，还借助于外部所加电场的作用引起放电，使原料气体成为等离子体状态，变为化学上非常活泼的激发分子、原子、离子和原子团等，促进化学反应的进行，在基体材料表面形成薄膜。PCVD 的特点如下所述。

①沉积温度低，如 CVD 沉积 TiN 膜，传统 CVD 成膜温度为 1000℃左右，而 PCVD 仅为 500℃。

②可在不耐高温的材料上沉积成膜。

③由于离子具有溅射清洁基体材料表面和轰击效应，膜与基体材料结合强度高。

④成膜速度快。

⑤由于等离子体的激发，使得难以发生反应而成膜的材料沉积成膜，从而拓宽涂层材料的范围。

PCVD 法处理铝型材挤压模工作零件可显著提高模具使用寿命。铝型材挤压模具是在极其复杂恶劣条件下工作的，承受着高温、高压、激冷、激热和反复循环应力的作用。剧烈的摩擦使得模具表面黏附着一层小铝瘤，造成模具工作零件表面严重磨损，导致模具早中期失效。某工厂采用力学性能较优的 H13 钢代替原 H21 钢制作模具工作零件，表面强化采用渗氮法，其表面性能未见明显好转，使用寿命偏低。采用等离子体化学气相沉积 TiN 涂层后，模具寿命提高了 3～5 倍。PCVD 法应用在塑料模上，其寿命可提高 1～4 倍。

3. CVD 技术在模具上应用的条件

要使 CVD 涂层在模具生产中达到规定的指标，必须具备以下一些条件。

（1）合理选择涂层材料

根据工件的服役条件选择具有相适应的物理、化学性能的涂层材料，有时根据需要可选用一定匹配的多层膜。

（2）选好基体材料

首先要满足服役条件及涂层与基体之间的匹配性，如两者的热胀系数、界面能、化学性、冶金性，以及两者之间是否会生成脆的或软的中间过渡层等。由于 TCVD 的处理温度较高，所以必须考虑基体材料的耐热性和组织结构的变化情况，因此，一般选择硬质合金、高速钢、高碳高铬钢、热模钢等作为基体材料。

（3）确定合适的涂层厚度

太薄的涂层不能获得最佳的性能和寿命，而太厚的涂层将呈现脆性并造成涂层与基体之间结合力变差。通常用的高温 CVD 涂层厚度范围：TiC 为 $2\sim8\mu m$；TiN 为 $5\sim14\mu m$；复合涂层为 $3\sim15\mu m$。具体厚度要根据服役条件来选择。

（4）选用良好的设备和正确的实施工艺

除达到技术性能指标外，力求用微机自动监控全部工艺参数与程序，以可靠地保证涂层质量和工艺的重现性。

4. CVD 技术应用实例

拉深模沉积：TiC；拉深模直径：27.07mm±0.02mm；钢材成分（质量分数）：C 2%、Cr 12%、W 1%、Mo 0.5%、Co 1%。

（1）预处理

加热至 1030℃退火 3h 后加工成形，毛坯尺寸略大于最终尺寸 0.2mm，再将毛坯加热至 980℃，用压缩空气冷却，然后在 200℃时油冷，处理后的硬度为 850HV，精加工拉深模直径至最终尺寸为 27.70mm，真空脱气，用刚玉糊抛光。

（2）沉积

混合反应气体为 $H_2+TiCl_4+CH_4$，温度为 1000℃，保温 2.5h 后将反应罐投入水中冷却至室温，获得 $6\sim10\mu m$ 有光泽的、表面粗糙度值 $Ra=1.5\mu m$ 的 TiC 涂层。

（3）后处理

沉积后的拉深模直径为 27.053mm，将它放入丙酮浴中，然后逐步加入干冰，冷却至 $-70\sim-80℃$，保持 1h，自冷浴中取出拉深模并慢慢加热至室温。此时直径为 27.090mm，基体硬度为 900HV，再将模具进一步在 200℃油浴中回火。冷却至室温后直径为 27.072～27.075mm，符合公差要求，此时的硬度为 830HV。表 3.3-8 为 CVD 法沉积 TiN、TiC 的应用效果。

表 3.3-8　CVD 法沉积 TiN、TiC 的应用效果

工件	基体材料（AISI）	镀层	应用	可加工件数	
				无镀层	有镀层
修整模	M2	TiN	冷镦不锈钢六角螺母	10000	40000
冲头	CPMT15	TiN	冷镦 AISI8630 钢套筒	20000	40000
液铣刀	M3-1	TiN	滚铣 AISI 钢齿轮	1500	4500
拔丝模	D2	TiC	低碳钢螺栓滚丝	50 万	200 万

续表

工件	基体材料（AISI）	镀层	应用	可加工件数	
				无镀层	有镀层
管用丝锥	M2	TiN	灰铸铁攻螺纹孔	3000	9000
钻头	M7	TiN	钻低碳钢	1000	4000
成形工具	T15	TiC	制螺钉机上应用	4950	23000
切断工件	M2	TiN	钻低碳钢	150	1000
环形模具	D2	TiN	成形传动件	5000	40000

（二）物理气相沉积

物理气相沉积是用物理方法把欲涂覆物质沉积在工件表面上形成膜的过程，通常称为 PVD（Physical Vapour Deposition）法。

在进行 PVD 处理时，工件的加热温度一般都在 600℃以下，这对于用高速钢、合金模具钢及其他钢材制造的模具都具有重要意义。目前常用的有三种物理气相沉积方法，即真空蒸镀、溅射镀膜和离子镀，其中离子镀在模具制造中的应用较广。

1. 真空蒸镀

真空蒸镀是在 $1.33×10^{-3}～1.33×10^{-4}$ Pa 的压力下，用电子束等热源加热沉积材料使之蒸发，蒸发的原子或分子直接在工件表面形成沉积层。但对于难熔的金属碳化物和氮化物进行直接蒸发是有困难的，并且有使化合物分解的倾向。为此，开发了引入化学过程的反应蒸镀。例如，用电子枪蒸发钛金属，并将少量甲烷和乙炔等反应气体导入蒸发空间，使钛原子和反应气体原子在工件表面进行反应，沉积 TiC 涂层。

真空蒸镀多用于透镜和反射镜等光学元件、各种电子元件、塑料制品等的表面镀膜，在表面硬化方面的应用不太多。

2. 溅射镀膜

溅射镀膜是不采用蒸发技术的物理气相沉积方法。施镀时，将工作室抽成真空，充入氩气作为工作气体，并保持其压力为 0.13～1.33Pa。以沉积物质作为靶（阴极）并加上数百至数千伏的负压，以工件为阳极，两侧灯丝带负压（−30～−100V）。加热灯丝至 1700℃左右时，灯丝发射出的电子使氩气发生辉光放电，产生出氩离子 Ar+，Ar+被加速轰击靶材，使靶材进而发出原子或分子溅射到工件表面上形成沉积层。

3. 离子镀

离子镀是在真空条件下，利用气体放电使气体或被蒸发物质离子化，在气体离子或蒸发物质离子轰击作用下，把蒸发物质或其反应物蒸镀在工件上。离子镀把辉光放电、等离子技术与真空蒸镀技术结合在一起，不仅明显地提高了镀层的各种性能，而且大大扩充了镀膜技术的应用范围。离子镀除兼有真空溅射的优点外，还具有膜层的附着力强、绕射性好、可镀材料广泛等优点。例如，利用离子镀技术可以在金属、塑料、陶瓷、玻璃、纸张等材料上，涂覆具有不同性能的单一镀层、合金镀层、化合物镀层及各种复合镀层，而且沉积速度快（可达 75μm/min），镀前清洗工序简单，对环境无污染，因此，近年来在国内外得到了迅速的发展。离子镀的基本原理如图 3.3-22 所示。

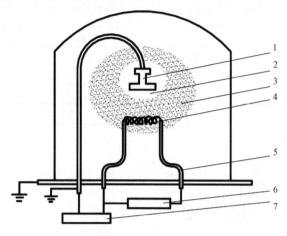

1—工件（阴极）；2—阴极暗部；3—辉光放电区；4—蒸发灯丝（阳极）；5—绝缘管；6—灯丝电源；7—高压电源

图 3.3-22　离子镀原理图

离子镀借助一种惰性气体的辉光放电使金属或合金蒸气离子化，其包括镀膜材料（如 TiN、TiC）的受热、蒸发、沉积过程。蒸发的镀膜材料原子在经过辉光区时，一小部分发生电离，并在电场的作用下飞向工件，以几千电子伏的能量射到工件表面，可以打入基体约几纳米的深度，从而大大提高了涂层的结合力，而未经电离的蒸发材料原子直接在工件上沉积成膜。惰性气体离子与镀膜材料离子在工件表面上发生的溅射，还可以清除工件表面的污染物，从而改善结合力。

若将反应气体导入蒸发空间，便可在工件表面沉积金属化合物涂层，这就是反应性离子镀。由于采用等离子活化，工件只需在较低温度甚至在室温下进行镀膜，完全可以保证零件的尺寸精度和表面粗糙度，因此可以安排在工件淬火、回火后即最后一道工序进行。例如，沉积 TiN 或 TiC 时，基体温度可以在 150～600℃ 范围内选择，温度高时涂层的硬度高，与基体的结合力也高。基体温度可根据基体材料及其回火温度选择，如基体为高速钢，可选择 560℃。这样对于经淬火、回火并加工到尺寸的高精度模具，无需担心基体硬度降低及变形问题。另外，离子镀的沉积速度较其他气相沉积方法快，得到 10μm 厚的 TiC 或 TiN 涂层，一般只需要几十分钟。

通过 PVD 法在模具上沉积 TiN 或 TiC 镀层时，其性能可以和 CVD 法的镀层相比拟，且具有以下特征：

①对上、下模都进行了高精度精加工的金属模具表面，用 PVD 超硬化合物镀层强化是相当有效的。

②对粗糙的模具表面，PVD 镀层效果将丧失。

③PVD 镀层对静载荷更有效。

④PVD 镀覆前后的精度无变化，不必再次进行加工。

⑤PVD 镀层具有优越的耐磨性和高的耐蚀性。

例如，对制造螺钉用的高速钢冲头镀覆 TiN，其寿命比未镀覆的冲头延长 3～5 倍；在汽车零件精密落料模上镀覆 TiN，当被冲钢板厚度为 1～3mm 时，寿命延长 5～6 倍，但是当钢板厚度增加到 5～8mm 时，由于 TiN 层从表层脱落而丧失效果；塑料模镀覆 TiN，其耐蚀性可提高 5～6 倍，且耐磨性也会同时提高，使模具寿命延长数倍。

PVD 法同 CVD 法一样能有效地强化模具的使用性能，提高模具的使用寿命。但是，PVD 法的绕镀性较差，不适用于深孔、窄槽的模具；CVD 法由于沉积温度太高，使用受到了一定的限制；PCVD 由于既保留了传统 CVD 的本质，又具有 PVD 的优点，克服了 PVD 和 CVD 的局限性，因此，PCVD 技术在工业上得到了广泛应用，大幅度地提高了模具的使用寿命。

4. PVD 应用实例

例：录音机磁头外壳拉深模的物理气相沉积处理

录音机磁头外壳形状为带有圆弧面的矩形。材料为厚度 0.65mm 的 Fe-Ni 奥氏体合金板材，采用拉深工艺成形。

拉深模材料在国外使用 WC 基的硬质合金。由于采用了先进技术，日本同类模具的总寿命可达 120 万次，但国内同种模具使用寿命较低，主要失效形式为工作零件早期崩裂。如果采用 Cr12MoV 钢制造的模具工作零件，其寿命不高，短的只有几千次，长的也不超过 3 万次，分析其原因有以下几个方面。

①Cr12MoV 钢碳化物偏聚严重，脆性大。

②磁头外壳材料的屈服点较高，拉深过程中易产生形变硬化，使模具受力增大。

③磁头外壳在成形过程中，由于是矩形拉深，圆角又比较小，致使模具棱边的局部应力很大。

④拉深时摩擦力很大，模具与零件表面易发生黏附，凸模棱边易产生咬伤，弧形端面边缘处易产生崩裂，侧面易磨损。

在采用 YG20 硬质合金制造模具工作零件时，模具寿命虽比 Cr12MoV 制造的模具寿命有所提高，但其表面仍易产生啮合和崩裂，如图 3.3-23 所示。

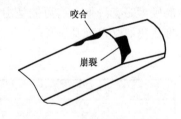

图 3.3-23　凸模表面失效形式

对 YG20 硬质合金模具工作零件进行 PVD 涂覆 TiN 处理，可大大提高模具的使用寿命，见表 3.3-9。由表中数据可知，经 PVD 处理的模具寿命提高 3 倍以上。

表 3.3-9　用 PVD 法沉积的拉深模具寿命

模具	平均寿命/万次
日本进口硬质合金模具	80～100
YG20 硬质合金模具	13
经沉积 TiN 的 YG20 硬质合金模具	>45

例：采用低温多弧离子镀 TiN 处理电度表拉深模

多弧离子镀的沉积温度一般为 400～600℃，与气相沉积相比这个温度已经足够低了。但是 400～600℃ 已经高于一些模具材料的回火温度。在这个温度下进行 TiN 沉积，将会使模具工作零件的硬度受到影响。因而希望沉积温度降低到模具工作零件材料的回火温度以下。

采用 Cr12MoV 钢制造电度表壳的拉深模具工作零件经低温沉积 TiN 涂层处理效果良好。镀膜时将沉积温度控制在 250～350℃，用红外辐射测温仪来测量和显示沉积温度。

在多弧离子镀设备中，沉积温度主要受靶源电流的大小及基体负偏压高低的影响，为保证镀层与基体的结合强度，沉积时不降低基体负偏压，而用降低靶源电流和控制靶源数量的方法来控制沉积温度，但这会明显降低沉积速率，因此，必须采用相应延长沉积时间的措施，以得到足够的镀层厚度。

对涂层的测试分析主要有以下项目。

（1）涂层的成分

用能谱仪对涂层进行 X 射线衍射分析，结果表明，涂层为 TiN 单相结构，没有出现 Ti 和 Ti_2N 的衍射峰。

涂层的电子探针分析结果见表 3.3-10。从表中可以看出，在低温沉积条件下，TiN 涂层的成分可保持严格的 1:1 理想配比。

表 3.3-10　低温 TiN 涂层的电子探针分析结果

沉积温度/℃	探针测试标定值（质量分数）/%			换算值（体积分数）/%	
	Ti	N	Fe	Ti	N
288	77.6079	23.1619	1.1813	49.46	50.54

（2）涂层的硬度

不同温度下沉积 TiN 的显微硬度见表 3.3-11。由表中可见，低温涂层的硬度比高温涂层的硬度略有降低，这可能是由于沉积温度低、晶体结构缺陷相对增多造成的，但降低后的硬度值仍能满足模具工作零件表面强化的需要。

表 3.3-11　涂层显微硬度值

沉积温度/℃	测定部位	显微硬度/HV
400～455	表面平整部位	2434
	表面大颗粒部位	2035
	表面小颗粒部位	2216
288	表面平整部位	2006

（3）沉积速率

在安培小时数相同，但沉积温度不同时，沉积涂层厚度见表 3.3-12。由表中可见，随沉积温度下降，膜的沉积速率也下降。

表 3.3-12　不同温度下沉积时的沉积速率

沉积温度/℃	涂层厚/μm	弧源电流/A	沉积速率/（μm/A.h）
545	1.9	80	0.063
455	1.5	50	0.050
288	1.1	35	0.037

经低温沉积 TiN 涂层的电度表拉深模，其使用寿命由原来的 2000 件提高到 2 万件以上。此外，用 65Mn 钢制造的精密平面磨床的主轴，经低温沉积 TiN 涂层处理后，不仅精度高（径向圆跳动 0.002mm），表面粗糙度值（Ra0.02μm）低，而且耐磨性可提高 6～8 倍（模拟试验结果），是机床生产中的一大技术突破。

 思考题与练习

1. 表面处理技术用于模具表面，可达到哪些目的？

2. 表面处理技术按其原理，可分为哪几类？

3. 什么是化学热处理？

4. 离子渗氮有何特点？

5. 低温气体氮碳共渗有何特点？

6. TD 法有哪些优点？

7. 采用 TD 法获得碳化物涂层的工艺也有一定的局限性，在应用于模具表面硬化时，要注意什么？

8. 气相沉积技术的性能特点是什么？

9. 什么是化学气相沉积？按其主要特征进行综合分类共有哪几类？

10. 等离子化学气相沉积有何特点？

11. 物理气相沉积的特点是什么？

12. CVD 技术在模具上应用的条件有哪些？

模块四　模具常见故障及处理方法

学什么

　　模具在使用过程中，其内部零件会逐渐磨损以至被损坏，造成模具工作性能和精度的降低。加之由于操作者的粗心大意及维护使用不当，也会使模具受损或产品质量下降，严重时可造成停产。但只要加强日常维护保养，及时进行维修，就可避免或减少模具故障造成的损失。因此，如何保证模具的正常使用的良好状态，如何及时发现和妥善处理模具在使用中出现的各种故障，也是关系到保证使用和延长模具寿命的一个重要支撑面，也是本模块学习的主要内容。

如何学

　　模具的失效一般是在一定的使用条件下发生的，因而使用中出现的各种故障也会呈现出一些规律。通过前人在模具长期使用中的经验和教训的总结，学习其总结出来的宝贵知识，熟悉各类模具常见故障的形式，从而在模具使用中可以及早发现和及时排故，达到预防为主、保证使用、延长寿命的效果。

学习目标

1. 熟悉各种模具常见故障的类型。
2. 学会分析各种模具产生故障的原因。
3. 掌握各种处理模具故障的方法。

任务一　冲压模常见的故障及处理

任务描述

　　以利用金属材料塑性变形为主导的冲压成形模具，其工作部件凸模、凹模或凸凹模，在高压和高温工作条件下，由于设计、制造、装配及使用中的疏忽，使之发生一些故障，妨碍其工作的正常进行，影响其使用寿命，必须要及早发现，将故障通过及时维护消除在萌芽状态之中。而冲压模具常见的故障有哪些？应怎样排除呢？这就是本任务的重点。

学习目标

熟悉及掌握冲压模具的各种常见的故障类型和产生的原因。

任务分析

冲压模具的使用，因其工件成形加工的要求不同，分为冲裁模、拉深模、弯曲模等各类模具。因其工作原理相似，在正常的使用中，它出现的故障也有某些共同类似之处，但也有不少差异的表现。长期的使用实践证明，冲压模具在正常使用中出现的故障，一般是有规律可循的、可预知的、可针对性地排除。下面按冲压模具的使用特点，分别对其常见的可能发生的故障和对应的排除办法进行深入的探讨。

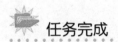

任务完成

一、冲裁模的故障及其排除

1. 冲头断裂

①跳屑、屑料阻塞、卡模等。解决跳屑、屑料阻塞、卡模等问题。

②送料不当，切断料。注意送料，及时修剪料带，及时清理模具。

③凸模强度不足。修改设计，增加凸模整体强度，固定部分适当加大或加保护套，工作部分之间采用大圆角过渡，避免应力集中。

④大小凸模相距太近，冲切时受材料牵引，引发小凸模断。加强小凸模保护或加大小凸模尺寸，小凸模比大凸模磨短一个料厚以上。

⑤凸模及凹模局部过于尖角。修改设计。

⑥单边冲裁。单边冲裁凸模需有靠块保护，防止凸模因单边受力而弯曲退让，导致冲裁间隙变大而出现毛刺。

⑦冲小孔。冲小孔的间隙应适当放大，凹模刃口高度适当降低，凹模刃口高度可取 2mm，并且刃口以下取 1°～2°锥度。

⑧冲裁间隙偏小。控制凸、凹模加工精度或修改设计间隙，细小部冲切间隙适当加大。

⑨无冲压油或使用的冲压油挥发性较强。调整冲压油滴油量或更换油种。

⑩冲裁间隙不均、偏移，凸、凹模发生干涉。检查各成形件精度，并施以调整或更换，控制加工精度。

⑪脱料镶块精度差或磨损，失去精密导向功能。研修或更换。

⑫模具导向不准、磨损。更换导柱、导套，注意日常保养。

⑬凸、凹模材质选用不当，硬度不当。更换使用材质，使用合适硬度。

⑭导料件（销）磨损。更换导料件。

⑮垫片加设不当。修正垫片数应尽可能少，且使用钢垫，凹模下垫片需垫在垫块下面。

2. 冲裁过程中，模具工作零件严重磨损

①凸、凹模工作部分润滑不良。适当放润滑油，改善摩擦状况。

②凸、凹模选材不当或热处理不当。重新选材或改善热处理。

③凸、凹模配合间隙过小或过大或不均匀。调整或更换凸、凹模或调整导柱、导套配合间隙。

④所冲材料性能超过所规定范围或表面有锈斑、杂质、表面不平、厚薄不均。更换材料或清洗材料表面。

⑤冲模本身结构设计不合理。改进设计，重新制造。

⑥压力机设备精度较差。更换压力机或调整压力机，达到加工条件的要求。

⑦模具安装不当或冲模紧固螺钉松动。重新安装模具或拧紧紧固螺钉。

⑧操作者违章作业。严格操作规程。

3. 模具其他部位的磨损

①定位零件长期使用，零件之间相互摩擦而磨损，定位不准确。重新更换、安装定位零件。

②连续模的挡料块与导板长期使用，受板料在送给过程中的接触而磨损。调整挡料块位置。

③导柱和导套间、斜楔与滑块间的长期相对运动而产生的磨损。更换、修整导柱和导套及斜楔与滑块。

4. 冲裁过程中：上、下模模板在使用过程中发生裂纹及碎裂

（1）操作方面造成的裂损

①制件放偏，造成局部重料。制件放正。

②制件或废料放至导向部分。制件放正，清除废料。

③双料或多料。清除多余料。

④异物放在工作部分或导向部分。拿开异物。

⑤违章作业（如非调整人员调整闭合高度）。严格规章，专人调整。

（2）模具安装方面造成的磨损

①闭合高度调整过低，将下模胀裂。重新调整闭合高度，达到工作要求。

②顶杆螺钉调节过低，将卸料器打断。重新调整顶杆螺钉。

③压板螺钉紧固不良，生产时模具松动。重新紧固压板螺钉，以防模具松动。

④上、下底板与滑块或垫板间有废料，造成刃口啃坏甚至冲头折断。清除废料。

⑤安装工具遗忘在模具内，未及时发现而开车，造成工作部分挤裂。开车前，仔细检查模具，有无遗忘工具在里面。

（3）模具设计、制造、调整、修理方面的问题所造成的裂损

①凹模废料孔有台阶，排除废料不通畅而胀裂。更换凹模或修整凹模。

②凹模工作部分有倒锥，造成废料挤压而将凹模胀裂。修整凹模或更换凹模。

③凹模工作部分太粗糙，又无落料斜度，凹模内积存的料太多，排不出来而将凹模胀裂。

抛光凹模工作表面。

④模柄松动或未装防转螺钉。重新安装模具或安装防转螺钉。

⑤连续自动及多工位级进模工作不稳定，造成制件重叠而将凹模胀裂。调整自动送料装置，使之稳定可靠。

⑥由于结构上的应力集中或强度不够，受力后自身裂损。改进结构或加强模具强度。

（4）制件材料引起的模具裂损

①制件材料的力学性能超过允许值太多。更换材料。

②制件材料厚度不均，公差超差太大。更换材料。

5. 冲压毛刺过大

①模具间隙过大或不均匀。重新调整模具间隙。

②模具材质及热处理不当，产生凹模倒锥或刃口不锋利。合理选材、模具工作部分材料用硬质合金，热处理方式合理。

③冲压磨损。研磨冲头或镶件。

④凸模进入凹模太深。调整凸模进入凹模深度。

⑤导向结构不精密或操作不当。检修模具内导柱、导套及冲床导向精度，规范冲床操作。

6. 跳废料（跳屑）

跳屑主要发生在高速生产的模具中。模具间隙较大、凸模较短、材质的影响（硬性、脆性），冲压速度太高、冲压油过黏或油滴太快造成的附着作用，冲压振动产生料屑发散，真空吸附及模芯未充分消磁等均可造成废屑带到模面上。

①刃口的锋利程度。刃口的圆角越大，越容易造成废料反弹，对于材料比较薄的不锈钢等可以采用斜刃口。

②对于比较规则的废料，可增大废料的复杂程度或在冲头上加聚氨酯顶杆来防止跳废料，在凹模刃口侧增加划痕。

③模具的间隙是否合理。不合理的模具间隙，易造成废料反弹，对于小直径，孔间隙减少 10%，直径大于 50.00mm 的，间隙放大。

④增加凸模进入凹模深度。每个工位模具冲压时，入模量的要求是一定的，入模量小，易造成废料反弹。

⑤把凹模刃口形式设计为刃口的上部有 3～5mm 的直线段，下部加工成稍大的斜度（0.5°～1.0°），增强刃口耐磨性，便于料片及时脱落，减少跳屑机会。

⑥凹模刃口的尺寸加工比工件的尺寸小 0.02～0.04mm，使料片呈弯曲状卡在刀口里面，防止跳屑。

⑦被加工材料的表面是否有油污。

⑧调整冲压速度、冲压油浓度。

⑨采用真空吸附。

⑩对冲头、镶件、材料进行退磁处理。

7. 压伤、刮伤

①料带或模具有油污、废屑，导致压伤。擦拭油污并安装自动风枪清除废屑。

②模具表面不光滑。提高模具表面粗糙度。

③零件表面硬度不够。表面需镀铬、渗碳、渗硼等处理。

④材料应变而失稳。减少润滑，增加压应力，调节弹簧力。

⑤对跳废料的模具进行维修。

⑥作业时产品刮到模具定位或其他地方造成刮伤，需修改或降低模具定位，教育作业人员作业时轻拿轻放。

8. 漏冲孔

出现漏冲孔的情况，一般是由冲头断未发现、修模后漏装冲头、冲头下陷等因素引起的，修模后要进行首件确认，与样品对比，检查是否有遗漏现象，对冲头下沉的，应改善上模垫板的硬度。

9. 脱料不正常

①脱料板与凸模配合过紧、脱料板倾斜、卸料螺钉高度不统一或其他脱料件装置不当。修整脱料件，脱料螺钉采用套管及内六角螺钉相结合的形式。

②模具间隙偏小，冲头在脱离材料时需要很大的脱模力，造成冲头被材料咬住。增加下模间隙。

③凹模有倒锥。修整凹模。

④凹模落料孔与下模座漏料孔没有对正。修整漏料孔。

⑤检查加工材料的状态。材料脏污附着到模具上，使得冲头被材料咬住而无法加工。翘曲变形的材料在冲孔后，会夹紧冲头，发现翘曲变形的材料，需弄平整后再加工。

⑥冲头、下模的刃口钝化要及时刃磨。刃口锋利的模具能加工出漂亮的切断面，刃口钝了，则需要额外的冲压力，而且工件断面粗糙，产生很大的抵抗力，造成冲头被材料咬住。

⑦适当采用斜刃口冲头。

⑧尽量减少磨损，改善润滑条件，润滑板材和冲头。

⑨弹簧或橡胶弹力不够或疲劳损耗，及时更换弹簧。

⑩导柱与导套间隙过大，返修或更换导柱、导套。

⑪平行度误差积累，重新修磨装配。

⑫推件块上的孔不垂直，使小凸模偏位，返修或更换推件块。

⑬凸模或导柱安装不垂直，重新装配，保证垂直度。

10. 材料扭曲

在材料上冲切大量孔，导致材料平面度不良，原因可能是冲压应力累积。冲切一个孔时，孔周边材料被向下拉伸，令板材上表面拉应力增大，下冲运动也导致板材下表面压应力增大。对于冲少量的孔，结果不明显，但随着冲孔数目的增加，拉应力和压应力也成倍增加直到令材料变形。

消除这种变形的方法之一是，每隔一个孔冲切，然后返回冲切剩余的孔。这虽然在板材上会产生相同的应力，但瓦解了因同向连续一个紧接一个地冲切而产生拉应力/压应力积聚。如此也令第一批孔分担了第二批孔的部分变形效应。

11. 废料阻塞

①漏料孔尺寸偏小，特别是细小突出部位，可作适当的放大。

②料屑翻滚，即漏料孔较大时，会造成料屑翻滚而形成堵塞，需缩小漏料孔尺寸或使用吸尘器。

③料面滴油太多，油的黏度过高，可控制滴油量或更换油的种类（降低黏度）。

④刃口磨损，废料毛刺相互勾挂，落料时易发生挤屑，有可能胀裂凹模，需及时研磨刃口。

⑤凹模刃部表面不良，如表面粗糙或模具过热时，粉屑烧结于直刃部表面，使料屑排除时摩擦阻力加大，需对凹模直刃部表面进行处置。

⑥凸模形状及凸模刃口面斜度研磨不利于排屑，应作相应的改善。

⑦性质黏、软的材料也会造成排屑困难。

12. 卡料

严重的卡料会导致模具损坏、断裂、崩刃，使模具工作失去平衡，精度严重受损。

①送料方式及送料距离和材料放松位置未调整好。重新作准确的调整。

②生产过程中送料距离发生变异。重新调整。

③材料的宽度尺寸超差或材料弧形以及毛刺过大。更换材料。

④模具安装不当，与送料机构垂直度偏差较大。重新安装模具。

⑤模具与送料机构相距较长，材料较薄，材料在送进中翘曲，使送距不准。在空挡位置加设上下压板，或在材料上下加设挤料安全检测开关，使送料异常时能及时停止冲压。

⑥模具顶卸料不佳，如上模拉料折弯处卡料等。检查是否顶出弹力不足，顶出过长，顶块（销）处理不佳，仔细观察再采取相应的对策。

13. 加工零件变形

①刃口磨损，使下料尺寸变化，毛刺太大时可能引发后续折弯发生变异。研磨或更换。

②送料及导料不准，料带未及时放松，或导正销直径不足（磨损）无法准确导正。重新调整送料长度及放松时间，或更换导销。

③模具成形定位尺寸不准、精度较差或磨损，造成冲压件尺寸变化。重新研磨或更换。

④材料的滑移，造成折弯或冲裁时尺寸变化（翻料、偏心、形状不对称等）。注意调整压料，且前段下料毛边不可大，否则对后续成形产生不利。

⑤卸料板与材料的接触面，以及折弯模芯等冲压中产生压损、磨损，导致成形尺寸的变化及形状的不良。重新研磨或更换模芯。

⑥材料机械性能的变异，宽度厚度尺寸误差，引发成形件尺寸的变化，需对进料状况作适当的控制。折弯部位垫片加设较多时，会导致折弯尺寸成形不稳定，可改用整体垫块。

⑦模具让位孔过小，顶出不佳等均会导致加工成形的变异。视具体状况进行克服。

二、弯曲模故障及其排除

1. 模具使用过程中，模具工作零件的磨损

①由于材料在凹模内滑动，引起凸、凹模表面有划痕和磨损。抛光凸、凹模表面。

②材料厚度不均匀，引起凸、凹模不均匀磨损。更换材料。

③制件材料表面有灰砂或材料表面润滑油不干净，引起凸、凹模工作表面粗糙度恶化。清理制件材料表面和更换新的润滑油。

④凸、凹模间隙过小，引起凸、凹模剧烈磨损。增大凸、凹模间隙。

⑤凸、凹模相对位置发生偏移，引起凸、凹模磨损。重新调整凸、凹模位置。

2. 模具其他部位的磨损。参照冲裁模故障及其排除中 3 模具其他部位的磨损

3. 工件折弯后外表面擦伤

①原材料表面不光滑。清洁、校平原材料。

②成形镶块有废料。清除镶块间的废屑。

③成形块不光滑。将成形块电镀、抛光，提高凸凹模的表面粗糙度。

④凸模弯曲半径 R 太小。增大凸模弯曲半径。

⑤模具弯曲间隙太小。调整上下模弯曲配合间隙。

⑥凹模成形块加装滚轴成形。

4. 折弯边不平直，尺寸不稳定

①增加压线或预折弯工艺。

②材料压料力不够。增加压料力。

③凸、凹模圆角磨损不对称或折弯受力不均匀。调整凸、凹模间隙使之均匀、抛光凸、凹模圆角。

④高度尺寸不能小于最小极限尺寸。

5. 弯曲表面挤压料变薄

①凹模圆角太小。增大凹模圆角半径。

②凸、凹模间隙过小。修正凸、凹模间隙。

6. 凹形件底部不平

①材料本身不平整。校平材料。

②顶板和材料接触面积小或顶料力不够。调整顶料装置，增加顶料力。

③凹模内无顶料装置。增加顶料装置或校正。

④加整形工序。

7. 制件端面鼓起或不平

弯曲时材料外表面在圆周方向受拉产生收缩变形，内表面在圆周方向受压产生伸长变形，因而沿弯曲方向出现挠曲端面产生鼓起现象。

①制件在冲压最后阶段凸、凹模应有足够压力。

②做出与制件外圆角相应的凹模圆角半径。

③增加工序完善。

三、拉深模的故障及排除

1. 模具使用过程中，模具工作零件的磨损

①凸、凹模间隙太小。修整凸、凹模或更换凸、凹模。

②冲模中心线与压力机中心线，以及与压力机工作台面位置度发生变化。在压力机上重新安装模具。

③压边圈压力过大或过小或压边力不均匀。调整压边力大小，并使之均匀。

④凹模圆角半径破坏产生锋刃。修整凹模圆角半径。

⑤冲模内部不清洁，有杂物混入。清除表面杂物。

⑥润滑油质量差。更换润滑油。

⑦凸、凹模表面粗糙或表面硬度低，加之润滑条件不好，易使凸、凹模产生黏附现象。抛光工作表面，提高表面硬度，适当加润滑油。

2. 模具其他部位的磨损

参照冲裁模故障及其排除中 3 模具其他部位的磨损。

3. 拉深件起皱或破裂

拉深件起皱的主要原因是压料力太小，无凸缘的制品口部起皱的原因还有凹模圆角过大、间隙过大，最后变形的材料未被压住，形成的少量皱纹因间隙过大而不能整平。解决起皱的措施是增大压料力，但压料力增大过多又会导致制品拉裂。当增大压料力不能解决起皱时，应检查压料圈的限位是否过高，凹模上的挡料钉避让孔是否够深，用塞尺检查拉深间隙是否过大。当只是单面起皱时，应检查压料圈与凹模是否平行，坯料是否有大毛刺或表面有杂物，根据实际情况采取相应的对策。当压料力不均匀导致局部起皱或拉裂时，可通过垫片调整压料板与凹模之间的压料间隙，来控制各处压料力的大小。

拉深件拉裂的主要原因有压料力太大、材料性能规格不合要求、材料表面不清洁、凹模圆角太小或间隙太小等，确认原因后就可采取相应的对策。

四、冷挤压模的故障及排除

1. 模具使用过程中，模具工作零件的磨损

①凸、凹模的中心轴线发生相对位移，不同心。重新调整凸、凹模的相对位置，使它们同心。

②凸模的中心轴线与机床工作台面不垂直。在压力机上重新安装冲模，使其中心轴线垂直于压力机工作台面。

③冲模的卸料装置长期使用后，内部机构相对位置变化及损坏。更换及调整卸料装置零件。

④润滑油太少，或毛坯未经表面处理。正确使用润滑油或处理毛坯表面。

2. 凸模被折断

①毛坯端面不平或与凹模之间间隙过大，凸、凹模不同心。保证毛坯端面平整，凸、凹模同心度小于 0.15mm，凹模与毛坯间隙应控制在 0.1mm 左右。

②表面质量降低，有划痕及磨损，引起应力集中。抛光凸、凹模表面。

③工作过程中，反复受压缩应力和拉应力影响。更换凸模，选用高强度、高韧性材料。

3. 凹模碎裂

①表面质量差。采用氮化处理，强化表面层。

②硬度不均匀。改善热处理条件，使表面硬度均匀。

③截面过渡处变化大。改善凹模结构，重新制造凹模。

④加工质量差。改善加工质量，增大过渡圆弧。

⑤组合凹模的预应力低。增大组合凹模的预应力。

⑥润滑不良。提高坯料的润滑质量。

⑦表面脱碳。热处理采取防脱碳措施或盐浴炉加热。

 思考题与练习

1. 冲裁模具常见的故障有哪些？若冲裁时凸模断裂，分析其原因，须采取什么措施排除？

2. 冲裁时毛刺过大，分析其原因，须采取什么措施排除？

3. 冲裁时如果出现卡料现象，是由什么原因造成的？如何排除？

4. 冲裁时如果出现跳屑现象，是由什么原因造成的？如何排除？

5. 弯曲模常见的故障有哪些？若工件折弯后外表面擦伤，分析其原因，须采取什么措施排除？

6. 拉深模常见的故障有哪些？若冷挤压时凹模碎裂，分析其原因，须采取什么措施排除？

7. 若拉深时工件出现起皱，分析其原因，须采取什么措施排除？若拉深时工件出现拉破，分析其原因，须采取什么措施排除？

8. 冷挤压模常见的故障有哪些？分析其原因，须采取什么措施排除？

任务二　塑料模常见的故障及处理

 任务描述

在一定的温度和压力下，利用高分子化合物的熔融态的流动特性，塑料模具实现塑料制品的成形加工。因而塑料成形的模具与冲压模具，其工作原理与工作条件都不相同。如果只凭冲压模具的维护保养的经验知识，一定不能解决塑料模具在使用中可能出现的问题。那么，塑料模具在使用中可能出现什么样的问题？应采取什么对应的措施加以排除？这些就是本任务的主要内容。

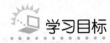

学习目标

1. 掌握塑料模常见的故障类型。
2. 重点掌握塑料注射模的常见故障及排除办法。

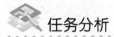

任务分析

塑料是高分子化合物，按照其分子结构不同分为两类，一类是热仍可返回到熔融状态的固性塑料，即受热熔融成形后，再受热加温永远不会返回到熔融状态；另一类是热塑性塑料，即受热熔融成形后，塑料制品再加热升温达到熔点温度时，对于热固性塑料模，常用压缩模成形；对于热塑性塑料，常用注射模成形。由于加工塑料原材料性质不同，使用的模具也不一样，所以它们在使用中可能出现的故障也不相同。目前塑料模具使用最广泛的是热塑性塑料的注射模，其常见的故障及排除方法将是本任务的重点。

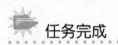

任务完成

一、注塑模的故障及排除

1. 浇口脱料困难

在注塑过程中，浇口粘在浇口套内，不易脱出。开模时，制品出现裂纹损伤。此外，操作者必须用铜棒尖端从喷嘴处敲出，使之松动后方可脱模，这会严重影响生产效率。这种故障主要原因是浇口锥孔表面粗糙度差，内孔圆周方向有刀痕。其次是材料太软，使用一段时间后锥孔小端变形或损伤，以及喷嘴球面弧度太小，致使浇口料在此处产生铆头。浇口套的锥孔较难加工，应尽量采用标准件，如需自行加工，也应自制或购买专用铰刀。锥孔需经过研磨至 $Ra0.4\mu m$ 以上，此外，必须设置浇口拉料杆或者浇口顶出机构。

2. 导柱损伤

导柱在模具中主要起导向作用，以保证型芯和型腔的成形面在任何情况下互不相碰，不能以导柱作为受力件或定位件用。在以下几种情况中，注射时动、定模将会产生巨大的侧向偏移力：①塑件壁厚要求不均匀时，料流通过厚壁处速率大，在此处产生较大的压力；②塑件侧面不对称，如阶梯形分型面的模具相对的两侧面所受的反压力不相等。

3. 大型模具，因各向充料速率不同，以及在装模时受模具自重的影响，产生动、定模偏移

在上述几种情况下，注射时侧向偏移力将加在导柱上，开模时导柱表面拉毛，损伤，严重时导柱弯曲或切断，甚至无法开模。为了解决以上问题需在模具分型面上增设高强度的定位键四面各一个，最简便有效的是采用圆柱键。导柱孔与分模面的垂直度至关重要，在加工时采用动、定模对准位置夹紧后，在镗床上一次镗完，这样可保证动、定模孔的同心度，并使垂直度误差最小。此外，导柱及导套的热处理硬度务必要达到设计要求。

4. 动模板弯曲

模具在注射时，模腔内熔融塑料产生巨大的反压力，一般在 $600\sim1000kg/cm^2$。模具制造者有时不重视此问题，往往会改变原设计尺寸，或者把动模板用低强度钢板代替，在用顶杆顶料的模具中，由于两侧座跨距大，会造成注射时模板下弯。故动模板必须选用优质钢材，要有足够厚度，切不可用 A3 等低强度钢板，在必要时，应在动模板下方设置支撑柱或支撑块，以减小模板厚度，提高承载能力。

5. 顶杆弯曲，断裂或者漏料

自制的顶杆质量较好，就是加工成本太高，现在一般都用标准件，质量差。顶杆与孔的间隙如果太大，则会出现漏料，但如果间隙太小，在注射时由于模温升高，顶杆会膨胀而卡死。更危险的是，有时顶杆被顶出一段距离就顶不动而折断，结果在下一次合模时这段露出的顶杆不能复位而撞坏凹模。为了解决这个问题，顶杆重新修磨，在顶杆前端保留 $10\sim15mm$ 的配合段，中间部分磨小 0.2mm。所有顶杆在装配后，都必须严格检查配合间隙，一般在 $0.05\sim0.08mm$ 内，要保证整个顶出机构能进退自如。

6. 冷却不良或水道漏水

模具的冷却效果直接影响制品的质量和生产效率，例如，冷却不良，制品收缩大，或收缩不均匀均会出现翘面变形等缺陷。另外，模具整体或局部过热，会使模具不能正常成形而停产，严重者会使顶杆等活动件热胀卡死而损坏。冷却系统的设计，加工以产品形状而定，不要因为模具结构复杂或加工困难而省去这个系统，特别是大中型模具一定要充分考虑冷却问题。

7. 定距拉紧机构失灵

摆钩、搭扣之类的定距拉紧机构一般用于定模抽芯或一些二次脱模的模具中，因这类机构在模具的两侧面成对设置，故其动作要求必须同步，即合模同时搭扣，开模到一定位置同时脱钩。一旦失去同步，势必会造成被拉模具的模板歪斜而损坏，这些机构的零件要有较高的刚度和耐磨性，调整也很困难，机构寿命较短，应尽量避免使用，可以改用其他机构。在抽心力比较小的情况下可采用弹簧推出定模的方法；在抽芯力比较大的情况下可采用动模后退时型芯滑动，先完成抽芯动作再分模的结构，在大型模具上可采用液压油缸抽芯。斜销滑块式抽芯机构损坏。这种机构较常出现的毛病大多是加工上不到位及用料太小，主要有以下两个问题。

斜销倾角 A 大，优点是可以在较短的开模行程内产生较大的抽芯距。但是采取过大的倾角 A，当抽拔力 F 为一定值时，在抽芯过程中斜销受到的弯曲力 $P=F/\cos A$ 也越大，易出现斜销变形和斜孔磨损。同时，斜销对滑块产生向上的推力 $N=F\tan A$ 也越大，此力使滑块对导槽内导向面的正压力增大，从而增加了滑块滑动时的摩擦阻力，易造成滑动不顺，导槽磨损。根据经验，倾角 A 不应大于 $25°$。

8. 滑块损坏

有些模具因受模板面积限制，导槽长度太小，滑块在抽芯动作完毕后露出导槽外面，这样在抽芯后阶段和合模复位初阶段都容易造成滑块倾斜，特别是在合模时，滑块复位不顺，使滑块损伤，甚至压弯破坏。根据经验，滑块完成抽芯动作后，留在滑槽内的长度不应小于导槽全长的 2/3。

9. 由于注射工粗心大意，精力不集中，造成压坏模具

①制品的料把未取出就合模。

②预埋件未安装到位就合模。

③模内残余料、飞边未清除干净就合模。

④装模螺钉长期使用而松动，模具下垂位移未被发现就合模。

10. 遇到了突发事故而压坏模具

①模具顶出件、成形杆等零件有内伤或疲劳折断掉入模腔未被发现就合模。

②机器或模具动作失灵等事故造成压模。如侧成形杆下面设推杆顶出，或侧滑块用滚珠弹簧限位，这些都容易产生事故隐患；又如在动模设置预埋件，因动模合模时振动，预埋件容易被震落，而压坏模具；大型模具上的预埋件安放位置不合适，使注射工安放操作很别扭，这不但容易产生模具事故，而且隐藏着人身事故。

11. 模具结构存在着隐患

凹模和动模垫板过薄，导致模具的刚度不足或强度不够。强度不够会导致模具产生塑性变形甚至破裂；而刚度不足，则会导致模具过大的弹性变形，造成熔体熔料的弊病。

12. 模具在使用中，成形零件受到高压高速塑料熔体的冲刷、摩擦、腐蚀等，会使模型腔表面和模具型芯表面产生开裂或裂纹、龟裂、磨损腐蚀、黏模拉伤

产生原因及解决办法，可参照任务三中压铸模的故障及排除，在这里不再详述。

二、其他塑料模的故障及排除

塑料压缩模、挤出模、吹塑模等，在工作时受的冲击力较小，故不易损坏与破裂，只是在使用时，型腔受材料影响而表面质量降低。因此，必须及时对其进行抛光，使其恢复到原来的工作状态，以保证制品质量，请参照注塑膜的故障及排除。其他部件如导向机构、制件推出机构等发生故障后的排除方法可参照任务一中冲裁模故障及其排除 3 模具其他部位的磨损。

 思考题与练习

1. 塑料注射模常见的故障有哪些？若出现浇口脱模困难，应如何排除故障？

2. 注射模使用时若出现动、定模偏移，分析其原因，如何排除？

3. 对于多分型面的注射模，当出现定距拉紧机构失灵时，应如何处理？

4. 当出现顶杆弯曲、断裂或者漏料时，应如何处理？

任务三　压铸模常见的故障及处理

任务描述

随着汽车及各种动力装置的大量生产，克服铸件缺陷的金属压铸件被大批采用，因其毛坯精度高、表面质量好、可进行节能环保的少无切削工艺加工、压铸新工艺被大量采用，所以为其服务的压铸模具应运而生。这种热加工成形复杂模具，其工作原理与塑料注射模相同，但其工艺条件相差很大。这一类热铸加压模具在使用中可能出现的故障有哪些？其解决的对应措施是什么？本任务将予以重点介绍。

学习目标

了解压铸模具故障类型，掌握其常见故障及处理方法。

任务分析

压铸成形是指金属材料在熔融液态下对其施加一定的压力，使之铸造成形。压铸件常用于铝合金的复杂毛坯件。由于铸造工艺特别要求金属液体流动性和冷却时温度及壁厚的均匀性，压铸模常设计有抽芯装置，因此模具设计与制造较为复杂，当然试模的工作量也会相应加大。压铸模必须在压铸机上使用，高温下具有一定压力的金属液态流体，其工作条件较为恶劣。在热铸状态下可能出现的故障有其特殊性。因此通过大量实践，可总结出其常见的故障和对应的排除方法。

任务完成

1. 模具使用过程中，模具开裂或粗裂纹

①设计不合理，有尖棱尖角。改进设计，尽可能加大圆弧，使之过渡尽可能圆滑。
②模具预热不好，模温低。提高模具预热温度。
③热处理不良。更换零件，重新热处理。
④型腔表面硬度太高，韧性差。回火降低硬度。
⑤操作不当，使模具存在较大应力。按正常操作规程操作。

2. 模具龟裂

①模具温度低，预热不足。提高预热温度。
②型腔表面硬度低。型腔淬火、渗氮，提高硬度。
③型腔表面应力高。用回火消除表面应力。
④型腔局部脱碳。去除脱碳层后渗氮。

3. 模具磨损冲蚀

①型腔表面硬度低。淬火、渗氮，提高硬度。

②表面脱碳。去除脱碳层后渗氮。

③型腔表面残余应力高。回火消除应力。

④浇注速度过快。在工艺范围内，适当降低压射速度。

⑤铝液熔融温度高。在工艺范围内，适当降低液温。

4. 黏模拉伤

①设计与使用模具材料不合理。改进设计和重新选用材料。

②热处理硬度不足。重新热处理，提高硬度。

③型腔表面粗糙。抛光型腔表面，抛光纹理方向与出模方向一致。

④有色金属液中含铁量大于 0.6%。降低铁含量。

⑤所用脱模剂不合格、过期或不纯净、含杂质。重新换一种合格的脱模剂。

⑥浇注速度过快。在工艺范围内，适当降低注射速度。

 思考题与练习

1. 压铸模具的常见故障有哪些？

2. 分析压铸模出现龟裂的原因及处理办法。

×××厂模具维修人员岗位职责

模具维修工种在机械加工行业应用广泛，其本身也是高危工种，历年来因模具调试维修、操作不当、结构故障等因素酿成的事故频频，给受伤害者个人及家庭带来无尽的伤痛。如何避免事故悲剧的重演，须从安全规程的执行、安全职责的遵守等源头做起。作为一名合格的模具维修工，须了解和掌握以下岗位安全职责。

1. 掌握设备安全操作规程、安全生产操作卡、重要危险源的应急措施及"三懂、四会"的具体内容，做到三不伤害，并严格遵守执行。

2. 遵守相关规章制度，不违章作业、拒绝违章指挥行为，制止他人的违章行为。

3. 全面了解设备、模具的结构、性能和工作原理，掌握调整方法，提高处理问题和排除故障的能力。

4. 负责模具及其周边装置的日常维护保养和正确使用工作，制定模具保养计划，定期对模具进行保养和检查。

5. 监督、指导操作工按操作规程和相关规定对模具进行保养和使用，并对结果负责。

6. 解决生产过程中冲压生产出现的故障，保证生产任务顺利完成。

7. 了解生产计划，负责按照生产计划及时调试产品（包含新品、切换产品的调试等），对调试产品的质量负责（包含首件和批量生产），必须符合图纸、技术要求、工艺规程和检验标准等。

8. 认真做好巡线工作，跟踪模具使用和生产情况，及时发现问题，及时进行解决，并指导操作工进行批量生产。

9. 在调试和维护保养过程中对员工的安全负责，对设备、模具和装置的质量负责。

10. 及时、如实的汇报维修保养情况，并做好模具维护保养情况和备件消耗的原始记录。

11. 严格执行备件领用和保管制度，对模具备件领用和归还的数量和完好度负责，正确、妥善地保养和保管模具备件。

12. 积极进行小改小革，提高模具和装置的使用寿命，提高产品质量，降低因模具和装置的原因造成废损。

13. 严格遵守"5S"管理要求，保持现场的清洁卫生，工装、夹具归类、合理放置。

附录 A　常用模具材料

表 A-1　常用模具材料牌号对照表

类别	中国钢号	通用钢号	钢材特性
塑胶模具钢	3Cr2Mo	P20（美国）	预硬塑胶模具钢
	3Cr2NiMo	718（瑞典）	超预硬塑胶模具钢
	4Cr13	S136（瑞典）	抗腐蚀塑胶模具钢
	1CrNi3	NAK80（日本）	镜面塑胶模具钢
	3Cr17Mo	M300（奥地利）	耐腐蚀塑胶模具钢
五金模具钢	CrWMn	SKS3（日本）	不变形油钢
	Cr12MoV	SKD11（日本）	耐磨韧性铬钢
		8407（瑞典）	
热作模具钢	4Cr5MoV	SKD61（日本）	通用热作模具钢
		H13（美国）	

表 A-2　常用模具材料比较

钢类	比较标准 GB(中国)	AISI(美国)	DIN(德国)	ASSAB(瑞典)	JIS(日本)	特性 CHARACTERISTICS	出厂状态 EXECUTION	用途 APPLICATION
塑胶模钢	3Cr2Mo	P20	1.2311	618		预硬塑胶模钢	HB280-320	一般要求的大小塑胶模具，内模作，可电蚀操作
塑胶模钢	3Cr2Ni1Mo	P20+Ni	1.2738	718H		预硬纯洁均匀，含镍约1.0%	HB290-330	高要求塑胶模具，尤其适合电蚀操作
塑胶模钢	3Cr13	420	1.2083	S136H		高纯度，高镜面度，抗锈，防酸	HB300-350	高防酸蚀及需镜面抛光工具，特别适合PVC、PP、EP用
塑胶模钢	42CrMo	P20	GS638	----	SCM440	加工性能良好	HB270-300	适用于高要求的大型模架，一般模具
塑胶模钢	12Ni3	P21H	JIS(日本)NAK80			高硬度，电蚀，焊接，镜面效果特佳	HB370-420	电蚀及镜面研磨高性能模具
冷作模钢	Cr12	D3	1.2080	...	SKD-1	耐磨铬钢	HB230-255	耐磨五金冲压模具
冷作模钢	Cr12MO1V1	D2	1.2379	XW42		特级耐磨高铬钢	HB230-255	重负荷冲压模，冲不锈钢，铜，铝片，硅钢片
冷作模钢	Cr12MoV	D6	1.2436	...	SKD11	特级韧性铬钢	HB230-255	中等负荷冲压模，冲不锈钢，铜，硅，铝
冷作模钢	9CrWMn	O1	1.2510	DF2	SKS3	不变形油钢	HB220-255	各类五金冲压模及木工切割工具
热作模钢	4Cr5MoSiV	H13	1.2344	8407	SKD6	优质铝锌合金热作钢	HB220-255	铝、锌，合金挤压模具
热作模钢	4Cr5MoSiV1ESR	H13.ESR	1.2344.ESR	8407.ESR	SKD61	高纯度优质铝锌合金热作钢	HB220-255	适合高要求金属压铸，挤压模
热作模钢	5CrMnMo	6G	(JIS)SKT3			优质铜钨合金热作件钢	HB220-255	各种中小型热锻模，热挤压筒
热作模钢	3Cr2W8V	H21	(JIS)SKT5			高温耐磨铜，铝合金热作件钢	HB220-255	锌、铝、镁及其合金压铸模
碳素模钢	45#	C1045	CK40	JIS.S45C		普通碳素结构钢	HB165-225	一般注塑模，模架，机械零件
碳素模钢	50#	C1045	CK53	JIS.S50C		优质碳素结构钢	HB170-228	适用塑胶模，模架
碳素模钢	55#	C1045	CK56	JIS.S55C		高强普通碳素结构钢	HB175-230	适用于大型模架，一般塑胶模
碳素模钢	45#	C1045	CK40	JIS.S45C		普通碳素结构钢	HB165-225	一般注塑模，模架，机械零件

参考文献

[1] 曾珊琪，丁毅. 模具寿命与失效. 北京：化学工业出版社，2005.

[2] 陈志刚. 模具失效与维护. 北京：机械工业出版社，2008.

[3] 王敏杰，于同敏，郭东明. 中国模具工程大典. 模具制造卷. 北京：电子工业出版社，2007.

[4] 赵世友，何晶. 模具工程技术基础. 北京：北京大学出版社，2008.

[5] 模具实用技术丛书编委会. 模具材料与使用寿命. 北京：机械工业出版社，2007.

[6] 王国凡. 材料成形与失效. 北京：化学工业出版社，2002.

[7] 何柏林. 模具材料及表面强化技术. 北京：化学工业出版社，2009.

[8] 王德文. 提高模具寿命应用技术实例. 北京：机械工业出版社，2004.

[9] 程培源. 模具寿命与材料. 北京：机械工业出版社，1999.

[10] 冯晓曾. 模具的失效分析. 北京：机械工业出版社，1987.

表 A-2 常用模具材料比较

钢类	比较标准					特性 CHARACTERISTICS	出厂状态 EXECUTION	用途 APPLICATION
	GB（中国）	AISI（美国）	DIN（德国）	ASSAB（瑞典）	JIS（日本）			
塑胶模钢	3Cr2Mo	P20	1.2311	618		预硬塑胶模钢	HB280-320	一般要求的大小塑胶塑模具，内模件，可电蚀操作
	3Cr2Ni1Mo	P20+Ni	1.2738	718H		预硬纯洁均匀，含镍约 1.0%	HB290-330	高要求塑胶模具，尤其适合电蚀操作
	3Cr13	420	1.2083	S136H		高纯度，高镜面度，抗锈，防酸	HB300-350	高防酸蚀及需镜面抛光工具，特别适合 PVC、PP、EP 用
	42CrMo	P20	GS638	-----	SCM440	加工性能良好	HB270-300	适用于高要求的大型模架，一般模具
	12Ni3	P21H	JIS（日本）NAK80			高硬度，电蚀，焊接，镜面效果特佳	HB370-420	电蚀及镜面研磨高性能模具
冷作模具钢	Cr12	D3	1.2080	...	SKD-1	耐磨铬钢	HB230-255	耐磨五金冲压模具
	Cr12MO1V1	D2	1.2379	XW42		特级耐磨高铬钢	HB230-255	重负荷冲压模，冲不锈钢、铜、铝片、硅钢片
	Cr12MoV	D6	1.2436	...	SKD11	特高韧性铬钢	HB230-255	中等负荷冲压模，冲不锈钢、铜、硅、铝
	9CrWMn	O1	1.2510	DF2	SKS3	不变形油钢	HB220-255	各类五金冲压模及木工切割工具
热作模具钢	4Cr5MoSiV	H13	1.2344	8407	SKD6	优质铝锌合金热作钢	HB220-255	铝、锌、合金挤压模具
	4Cr5MoSiV1ESR	H13.ESR	1.2344.ESR	8407.ESR	SKD61	高纯度优质铝锌合金热作钢	HB220-255	适合高要求金属压铸、挤压模
	5CrMnMo	6G	（JIS）SKT3		SKT3	优质铜钨合金热作钢	HB220-255	各种中小型热锻模，热挤压筒
	3Cr2W8V	H21	（JIS）SKT5		SKT5	高温耐磨铜，铝合金热作钢	HB220-255	锌、铝、镁及其合金压铸模
碳素模具钢	45#	C1045	CK40	JIS.S45C		普通碳素结构钢	HB165-225	一般注塑模，机械零件
	50#	C1045	CK53	JIS.S50C		优质碳素结构钢	HB170-228	适用塑胶模，模架
	55#	C1045	CK56	JIS.S55C		高普通碳素结构钢	HB175-230	适用于大型模架，一般要求大型模具
	45#	C1045	CK40	JIS.S45C		普通碳素结构钢	HB165-225	一般注塑模，模架，机械零件